普通高等院校土建类专业精品系列教材

省 级 一 流 课 程 建 设 配 套 教 材

BIM技术在建筑设计阶段的应用
——Revit基础教程

主 编 曹 犇

U0235065

北京理工大学出版社
BEIJING INSTITUTE OF TECHNOLOGY PRESS

内 容 提 要

本书共分为15章，主要内容包括Autodesk Revit基础知识，绘制标高和轴网，小别墅墙体的绘制和编辑，绘制小别墅门窗和楼板，玻璃幕墙，屋顶，楼梯和扶手，柱、梁和结构构件，房间与面积，场地，组与链接，建筑平立剖出图，成果输出与明细表，渲染与漫游，族与体量。本书的编写理论联系实际，内容系统全面，知识性、可读性强，与专业结合紧密，旨在培养学生在建筑设计阶段对于BIM技术的应用能力。

本书可作为高等院校土木工程、工程管理、建筑学及其他建筑类专业教材，也可供有关土木工程设计、施工、管理等各专业工程技术人员及从事BIM技术研究的人员学习和参考。

图书在版编目(CIP)数据

BIM技术在建筑设计阶段的应用：Revit基础教程 /
曹犇主编.--北京：北京理工大学出版社，2023.2（2023.4重印）
　ISBN 978-7-5763-2162-3

　Ⅰ.①B…　Ⅱ.①曹…　Ⅲ.①建筑设计－计算机辅助
设计－应用软件－高等学校－教材　Ⅳ.①TU201.4

　中国国家版本馆CIP数据核字（2023）第037882号

出版发行 / 北京理工大学出版社有限责任公司
社　　　址 / 北京市海淀区中关村南大街5号
邮　　　编 / 100081
电　　　话 / （010）68914775（总编室）
　　　　　　（010）82562903（教材售后服务热线）
　　　　　　（010）68944723（其他图书服务热线）
网　　　址 / http://www.bitpress.com.cn
经　　　销 / 全国各地新华书店
印　　　刷 / 河北鑫彩博图印刷有限公司
开　　　本 / 787毫米×1092毫米　1/16
印　　　张 / 15　　　　　　　　　　　　　　　责任编辑 / 江　立
字　　　数 / 362千字　　　　　　　　　　　　文案编辑 / 李　硕
版　　　次 / 2023年2月第1版　2023年4月第2次印刷　责任校对 / 刘亚男
定　　　价 / 48.00元　　　　　　　　　　　　　责任印制 / 李志强

图书出现印装质量问题，请拨打售后服务热线，本社负责调换

BIM，即建筑信息模型（Building Information Model），是指在建设工程及设施全生命周期内，对其物理和功能特性进行数字化表达，并依此设计、施工、运营的过程和结果的总称，是在建设项目的规划、设计、施工和运维过程中进行数据共享、优化、协同与管理的技术和方法。

BIM通过数字化技术，利用大数据库资源，在计算机中建立一座虚拟建筑，一个建筑信息模型就提供了一个单一的、完整一致的、包含逻辑关系的建筑信息库。通俗一点说，BIM就是在建筑工程真正动工之前，在计算机上模拟一遍建造过程，以解决设计中的不足和真实施工中可能存在的问题。这个模拟是带有真实数据的，能够真正反映现实问题的模拟。

党的二十大报告指出："教育、科技、人才是全面建设社会主义现代化国家的基础性、战略性支撑。必须坚持科技是第一生产力、人才是第一资源、创新是第一动力，深入实施科教兴国战略、人才强国战略、创新驱动发展战略，开辟发展新领域新赛道，不断塑造发展新动能新优势。"

近几年来，国家及各省的BIM标准及相关政策相继推出，这为BIM技术在国内的快速发展奠定了良好的环境基础。从2013年开始，BIM在我国进入了一个快速发展的时期。近年来，国务院、住房和城乡建设部及全国各省市政府等相关单位频繁颁发关于工程建设项目要求强制应用BIM技术的文件。2015年6月，住房和城乡建设部发布的《关于推进建筑信息模型应用的指导意见》是我国第一个国家层面的关于BIM应用的指导性文件，充分肯定了BIM应用的重要意义。并且，《住房和城乡建设部工程质量安全监管司2020年工作要点》中指出："推广施工图数字化审查，试点推进BIM审图模式。"

越来越多的高校（尤其是一些应用型的院校）对BIM技术有了一定的认识并积极进行实践，但是BIM技术最终的目的是要在实际项目中落地应用，想要让BIM真正能够为建筑行业带来价值，就需要大量的BIM技术相关人才。BIM人才的建设也是建筑类院校人才培养方案改革的方向，各大院校都在积极开展BIM相关课程的建设，结合本专业人才培养方案改革的方向与核心业务能力进行BIM技术相关应用能力的培养。本书是辽宁工业大学的立项教材，并由辽宁工业大学资助出版。

由于时间仓促，加之编者水平有限，书中难免存在疏漏之处，恳请广大读者谅解并指正。

编 者

目 录

CONTENTS

第 1 章

Autodesk Revit 基础知识

1.1 软件概述

在开始学习软件前，应先了解一下 Revit 软件的图元要素。

Revit 软件有以下几种图元要素。

（1）主体图元，包括墙、楼板、屋顶和天花板、场地、楼梯、坡道等。

主体图元的参数由软件系统预先设置，用户不能自由添加其他参数。如大多数的墙主体图元都具有构造层、厚度、高度等参数，如图 1.1-1 所示；楼梯主体图元都具有踏面、踢面、休息平台、梯段宽度等参数，如图 1.1-2 所示。用户只能对软件预置的相关参数设置进行修改，或通过复制重新命名来创建出新的主体图元。

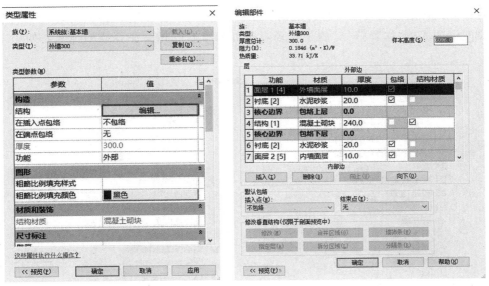

图 1.1-1

（2）构件图元，包括窗、门和家具、植物等三维模型构件。

构件图元和主体图元具有相对应的依附关系，如门窗要安装在墙主体上，删除墙，则墙体上安装的门窗构件也同时被删除；复制墙，则墙体上安装的门窗构件也同时被复制，这是 Revit 软件的特点之一。

构件图元的参数设置相对灵活，变化较多，所以在 Revit 软件中，用户可以自行定制构件图元，设置各种需要的参数类型，以满足参数化设计的修改需要。

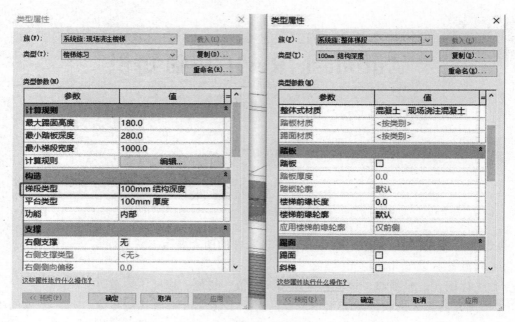

图 1.1-2

（3）注释图元，包括尺寸标注、文字注释、标记和符号等。

注释图元的样式可以由用户自行定制，以满足各种本地化设计应用的需要。例如，展开项目浏览器的族中"注释符号"的子目录，即可编辑修改相关注释族的样式，如图 1.1-3 所示。

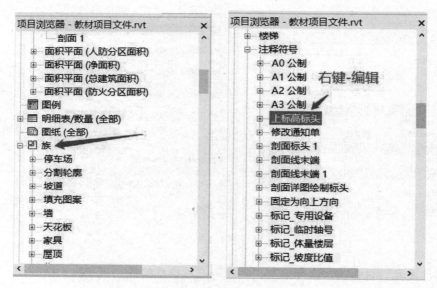

图 1.1-3

Revit 中的注释图元与其标注、标记的对象之间具有某种特定的关联的特点，如门窗定位的尺寸标注，若修改门窗位置或门窗大小，其尺寸标注会根据系统情况自动修改；若修改墙体材料，则墙体材料的材质标记会自动变化。

（4）视图图元，包括楼层平面图、天花板平面图、三维视图、立面图、剖面图及明细表等。

视图图元的平面图、立面图、剖面图及三维轴测图、透视图等都是基于模型生成的视图表达，它们是相互关联的，可以通过软件对象样式的设置来统一控制各个视图的对象显示。在任意视图中连续两次按 V 键就可以打开"可见性/图形替换"对话框，在该对话框中可以设置当前视图的各种图元的可见性和图形的替换表达，如图 1.1-4 所示。

图 1.1-4

每一个平面、立面、剖面视图都具有相对的独立性，如每一个视图都可以设置其独有的构件。可见性、详细程度、视图比例、视图范围等设置，这些都可以通过调整每个视图的视图属性来实现，如图 1.1-5 所示。

（5）其他图元，包括标高、轴网、参照平面等。因为 Revit 是一款三维设计软件，而三维建模的工作平面设置是其中非常重要的环节，所以标高、轴网、参照平面等基准面图元就为我们提供了三维设计的基准面。此外，绘图时还经常使用参照平面来绘制定位辅助线，以及绘制辅助标高或设定相对标高偏移来定位，如绘制楼板时，软件默认在所选视图的标高上绘制，用户可以在属性面板的实例属性中设置相对标高偏移值来调整，如卫生间的下降楼板等，如图 1.1-6 所示。

Revit 软件的基本构架是由以上几种图元要素构成的。对以上图元要素的设置、修改及定制等操作都有相类似的规律，需认真理解和使用。

图 1.1-5

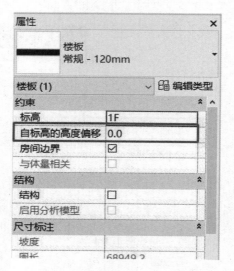

图 1.1-6

1.2 "族"的名词解释和软件的整体构架关系

Revit 作为一款参数化设计软件,族的概念需要深入理解和掌握。通过族的创建和定制,使软件具备了参数化设计的特点及实现本地化项目定制的可能性。族是一个包含通用属性(称作参数)集和相关图形表示的图元组,所有添加到 Revit 项目中的图元(从用于构成建筑模型的结构构件、墙、屋顶、窗和门到用于记录该模型的详图索引、装置、标记和详图构件)都是使用族来创建的。

在 Revit 软件中，族有以下 3 种。

（1）内建族。内建族是指在当前项目中为专有的特殊构件所创建的族，不需要重复利用。

（2）系统族。系统族包含基本建筑图元，如墙、屋顶、天花板、楼板及其他在施工场地使用的图元。标高、轴网、图纸和视口类型的项目和系统设置也是系统族。

（3）标准构件族。标准构件族是用于创建建筑构件和一些注释图元的族，如窗、门、橱柜、装置、家具、植物和一些常规自定义的注释图元（如符号和标题栏等），可重复利用。

在应用 Revit 软件进行项目定制的时候，首先需要了解该软件是一个有机的整体，它的 5 种图元要素之间是相互影响和密切关联的。所以，在应用软件进行设计、参数设置及修改时，需要从软件的整体构架关系来考虑。

以窗族的图元可见性、子类别设置和详细程度等设置来说，族的设置与建筑设计表达密切相关。

在制作窗族时，通常设置窗框竖梃和玻璃在平面视图不可见，因为按照我国的制图标准，窗户表达为 4 条细线，如图 1.2-1 所示。

在制作窗族时，还需要为每一个构件设置其所属子类别，因为某些时候还需要在项目中单独控制窗框、玻璃等构件或符号在视图中的显示，如图 1.2-2 所示。

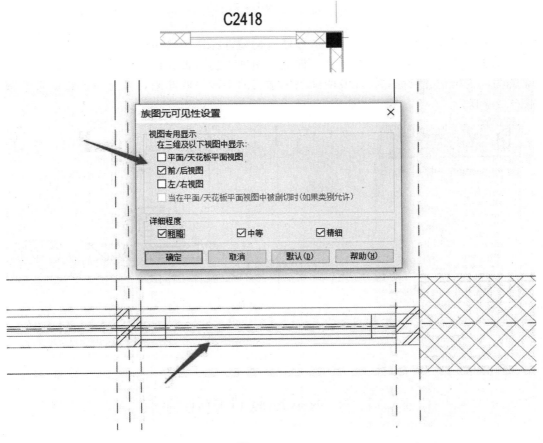

图 1.2-1

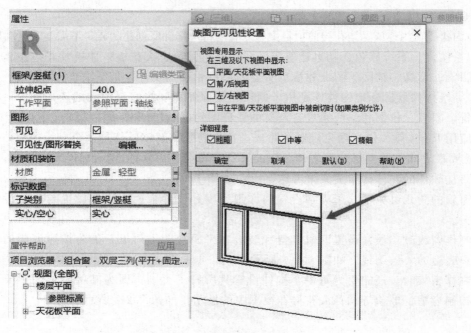

图 1.2-2

在调用门窗族类型的时候，为了方便从类型选择器中选用门窗，需要把族的名称和类型名称定义得直观、易懂。按照我国标准的图纸表达习惯，最好的方式是把族名称、类型名称与门窗标记族的标签，以及明细表中选用的字段关联起来，作为一个整体来考虑，如图 1.2-3 所示。

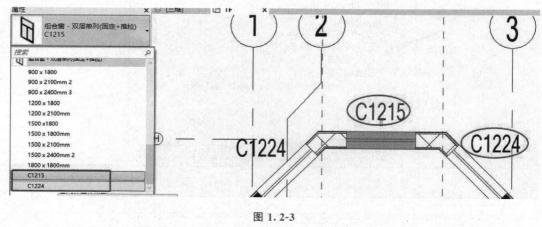

图 1.2-3

1.3 Revit 软件应用特点

了解 Revit 软件应用特点，才能更好地结合项目需求，做好项目应用的整体规划，避免事后返工。

（1）要建立三维设计和建筑信息模型的概念，创建的模型具有现实意义。例如创建墙体模型，它不仅具有高度，而且具有构造层，有内外墙的差异，有材料特性、时间及阶段信息等，所以创建模型时，这些都需要根据项目应用加以考虑。

（2）关联和关系的特性。平面、立面、剖面图与模型、明细表实时关联，即一处修改，处处修改的特性；墙和门窗的依附关系，墙能附着于屋顶楼板等主体的特性；栏杆构件可以指定坡道、楼梯、楼板等为主体进行关联；尺寸、注释和对象之间也是相互关联等。

（3）参数化设计的特点。类型参数、实例参数、共享参数等对构件的尺寸、材质、可见性、项目信息等属性的控制，不仅使建筑构件的设计参数化，而且可以通过设定约束条件实现标准化设计，如整栋建筑单体的参数化、工艺流程的参数化、标准厂房的参数化设计。

（4）设置限制性条件，即约束，如设置构件与构件、构件与轴线的位置关系，设定调整变化时的相对位置变化规律等。

（5）协同设计的工作模式。工作集（在同一个文件模型上协同）和链接文件管理（在不同文件模型上协同）。

（6）阶段的应用引入了时间的概念，实现四维的设计施工建造管理的相关应用。阶段设置可以和项目工程进度相关联。

（7）实时统计工程量的特性，可以根据阶段的不同，按照工程进度的不同阶段分期统计工程量。

本书将以 Revit 2020 软件版本来介绍 Revit 的基础知识和使用方法。

1.3.1　应用程序菜单

应用程序菜单提供对常用文件操作的访问，如"新建""打开"和"保存"菜单。还允许使用更高级的工具（如"导出"和"发布"）来管理文件。单击相应按钮打开应用程序菜单，如图 1.3-1 所示。

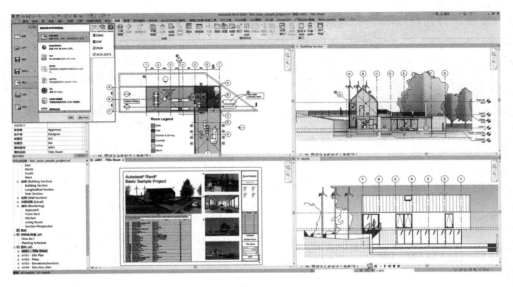

图 1.3-1

在 Revit 2020 中自定义快捷键时，执行应用程序菜单中的"选项"命令，弹出"选项"对话框，然后单击"用户界面"选项卡中的"自定义"按钮，在弹出的"快捷键"对话框中进行设置，如图 1.3-2 所示。

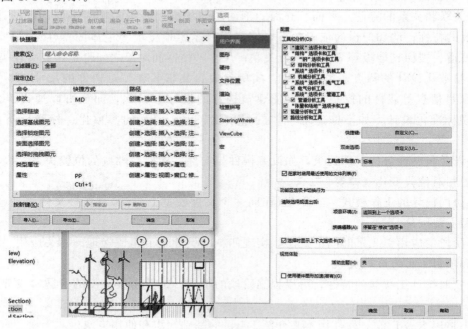

图 1.3-2

1.3.2 快速访问工具栏

单击快速访问工具栏后的下拉按钮，系统将弹出工具列表，在工具列表中单击勾选相应的选项，即可将相应的按钮添加到快速访问工具栏中。若要向快速访问工具栏中添加功能区的按钮，可在功能区中单击鼠标右键，在弹出的快捷菜单中执行"添加到快速访问工具栏"命令，按钮会添加到快速访问工具栏中默认命令的右侧，如图 1.3-3 所示。

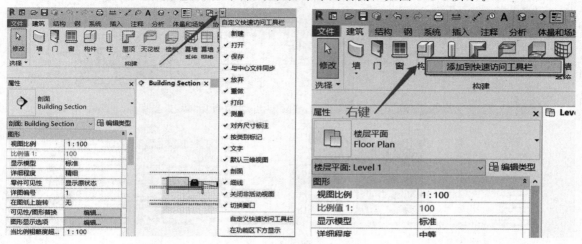

图 1.3-3

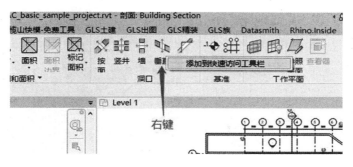

图 1.3-3（续）

　　用户可以对自定义快速访问工具栏中的命令进行"向上/向下"移动、添加分隔符、删除命令等操作，如图 1.3-4 所示。

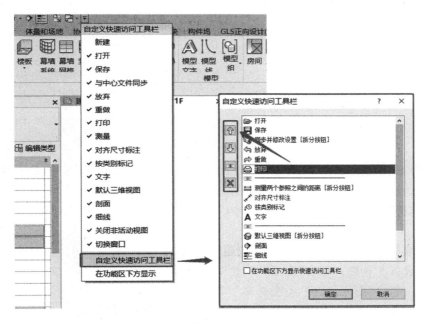

图 1.3-4

1.3.3　功能区的 3 种类型按钮

功能区包括以下 3 种类型的按钮。

（1）按钮（如"天花板" ）：单击可调用工具。

（2）下拉按钮：如"墙" 包含一个下三角按钮，用以显示附加的相关工具。

（3）分割按钮：调用常用的工具或显示包含附加相关工具的菜单。

【注意】如果看到按钮上有一条线将按钮分割为两个区域，单击上部（或左侧）可以访问最常用的工具；单击另一侧可显示相关工具的列表，如图 1.3-5 所示。

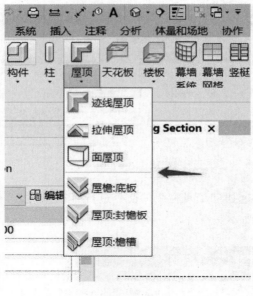

图 1.3-5

1.3.4 上下文功能区选项卡

激活某些工具或者选择图元时，会自动增加并切换到一个"上下文功能区选项卡"，其中包含一组只与该工具或图元的上下文相关的工具。

例如，单击"墙"按钮时，将显示"修改│放置 墙"的上下文功能区选项卡，其中显示以下 3 项能区。

(1)修改绘制工具栏：包含 "修改""创建""绘制"等。

(2)快速设置工具栏：包含"高度""定位线""偏移"等。

(3)图元：包含"图元属性""类型选择""类型编辑"等。

退出该工具时，上下文功能区选项卡即会关闭，如图 1.3-6 所示。

1.3.5 全导航控制盘

全导航控制盘将查看对象控制盘和巡视建筑控制盘上的三维导航工具组合到一起，通过全导航控制盘，用户可以查看各个对象，并围绕模型进行漫游和导航。全导航控制盘经优化适合有经验的三维用户使用，如图 1.3-7 所示。

【注意】显示全导航控制盘时，单击选中任何一个选项并按住鼠标不放即可对视图进行调整，如按住"缩放"，前后移动鼠标可对视图的进行大小控制，如图 1.3-8 所示。

切换到全导航控制盘：在控制盘上单击鼠标右键，在弹出的快捷菜单中选择"全导航控制盘"。

切换到全导航控制盘(小)：在控制盘上单击鼠标右键，在弹出的快捷菜单中选择"全导航控制盘(小)"。

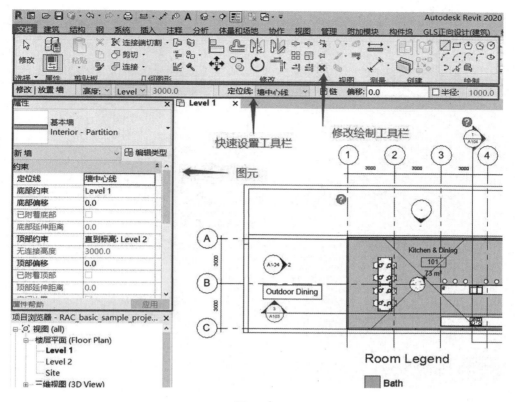

图 1.3-6

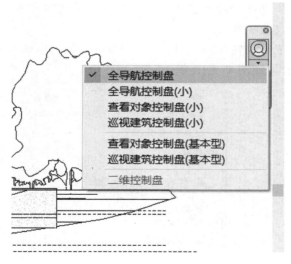

图 1.3-7

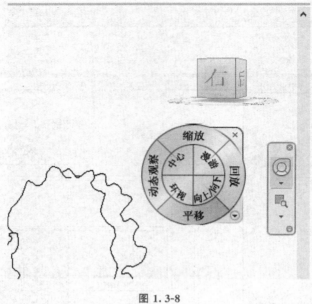

图 1.3-8

1.3.6 ViewCube

ViewCube 是一个三维导航工具，可指示模型的当前方向，并让用户调整视点，如图 1.3-9 所示。

主视图是随模型一同存储的特殊视图，可以方便返回已知视图或熟悉的视图，用户可以将模型的任何视图定义为主视图。

具体操作：将鼠标光标放在 ViewCube 上单击鼠标右键，在弹出的快捷菜单中选择"将当前视图设置为主视图"，如图 1.3-10 所示。

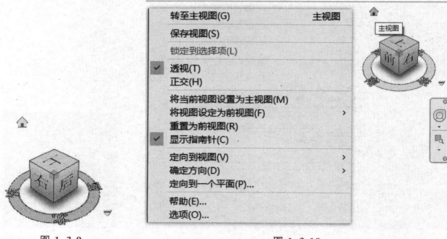

图 1.3-9   图 1.3-10

1.3.7　视图控制栏

视图控制栏 1：100 ▨▤▣❀❀❀❀❀❀❀❀❀❀❀❀❀❀❀❀‹ 位于窗口底部的状态栏上方，通过它可以快速访问影响绘图区域的功能。视图控制栏上的工具从左向右依次是：

(1)比例；

(2)详细程度；

(3)视觉样式：单击可选择线框、隐藏线、着色、一致的颜色、真实和光线追踪 6 种模式(同时增加了新的选项卡——"图形显示选项"，此选项后面会有详细介绍)；

(4)打开/关闭日光路径；

(5)打开/关闭阴影；

(6)显示/隐藏渲染对话框(仅当绘图区域显示三维视图时才可用)；

(7)打开/关闭裁剪视图；

(8)显示/隐藏裁剪区域；

(9)锁定/解锁三维视图(仅当绘图区域显示三维视图时才可用)；

(10)临时隐藏/隔离；

(11)显示隐藏的图元；

(12)临时视图属性：单击可选择启用临时视图属性、临时应用样板属性和恢复视图属性；

(13)显示/隐藏分析模型；

(14)高亮显示位移集；

(15)显示约束。

【要点】在 Revit 2020 的"图形显示选项"功能面板中，可以进行"轮廓""阴影""照明"和"背景"等命令的相关设置，如图 1.3-11 所示。

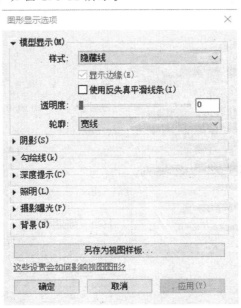

图 1.3-11

进行相关设置并打开日光路径以后，在三维视图中会有如图 1.3-12 所示的效果。

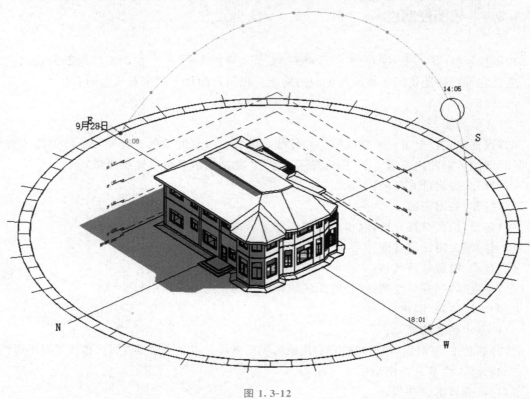

图 1.3-12

用户可以通过直接拖曳图中的太阳或修改时间来模拟不同时间段的光照情况，还可以通过拖曳太阳轨迹来修改日期，也可以在"日光设置"对话框中进行设置并保存，如图 1.3-13 所示。

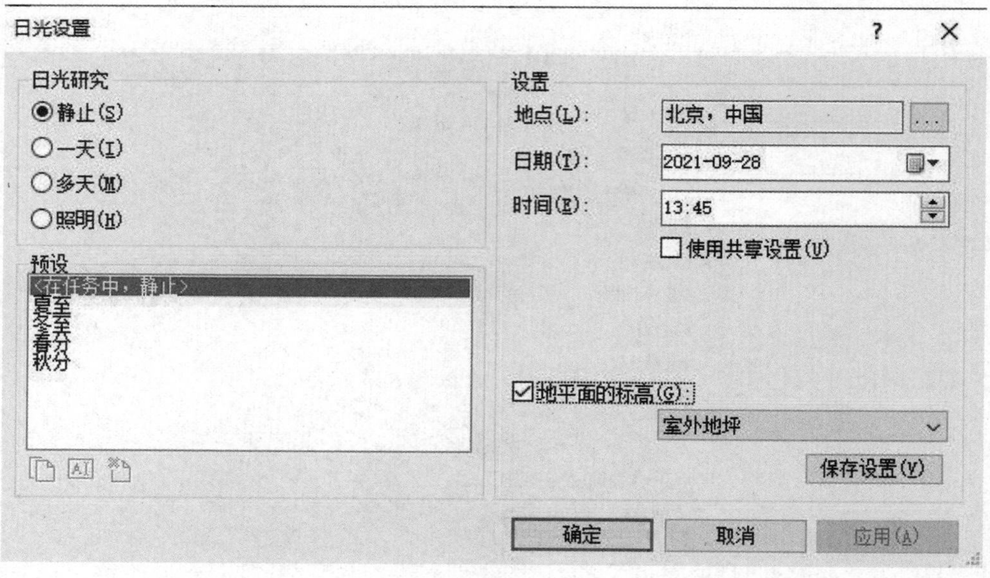

图 1.3-13

打开三维视图，单击"锁定/解锁三维视图"功能按钮，如图 1.3-14 所示，用于锁定三维视图并添加保存命令的操作。

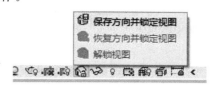

图 1.3-14

1.3.8　基本工具的应用

常规的编辑命令适用于软件的整个绘图过程，如移动、复制、旋转、阵列、镜像、对齐、拆分、修剪、偏移等编辑命令，如图 1.3-15 所示。下面主要通过墙体和门窗的编辑来详细介绍。

1. 墙体的编辑

"修改｜墙"上下文功能区选项卡"修改"面板中的各种编辑命令，如图 1.3-15 所示。

图 1.3-15

（1）复制：单击"复制"按钮，可以复制平面或立面上的图元。

单击"复制"按钮，在选项栏 修改｜墙 ☑约束 □分开 □多个 中，勾选"多个"复选框，即可复制多个墙体到新的位置，复制的墙与相交的墙自动连接；勾选"约束"复选框，即可复制在垂直方向或水平方向的墙体。

（2）旋转：单击"旋转"按钮，可以绕选定的轴将图元旋转至指定位置。

单击"旋转"按钮，拖曳"中心点"可以改变旋转中心点的位置，如图 1.3-16 所示；使用鼠标拾取旋转参照位置和目标位置，旋转墙体；也可以在选项栏设置旋转角度值（图 1.3-16）后按 Enter 键旋转墙体（注意：若勾选"复制"复选框，将会在旋转的同时复制一个墙体的副本）。

（3）阵列：可以创建选定图元的线性阵列或半径阵列。

单击"阵"按钮，在选项栏中勾选"成组并关联"复选框，输入项目数，然后选择"移动到"选项中的"第二个"或"最后一个"，再在视图中拾取参考点和目标位置，两者的间距将作为第一个墙体和第二个墙体或最后一个墙体的间距值，自动阵列墙体，如图 1.3-17 所示。

（4）镜像："镜像－拾取轴"，可以使用现有线或边作为镜像轴，来反转选定图元的位置。

"镜像－绘制轴"，绘制一条临时线，用作镜像轴。

在"修改"面板中选择"镜像－拾取轴"或"镜像－绘制轴"选项镜像墙体。

（5）缩放：可以调整选定图元的大小。选择墙体，单击"缩放"按钮，在选项栏上选择缩放方式，选择"图形方式"单选按钮，单击整道墙体的起点、终点，以此来作为缩放的参照距离，再单击墙体新的起点、终点，确认缩放后的大小距离；选择"数值方式"单选按钮，直接输入缩放比例数值，按 Enter 键确认即可。

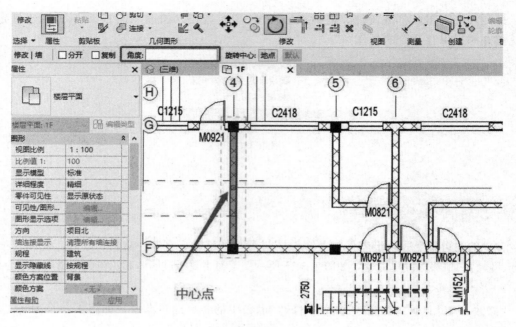

图 1.3-16

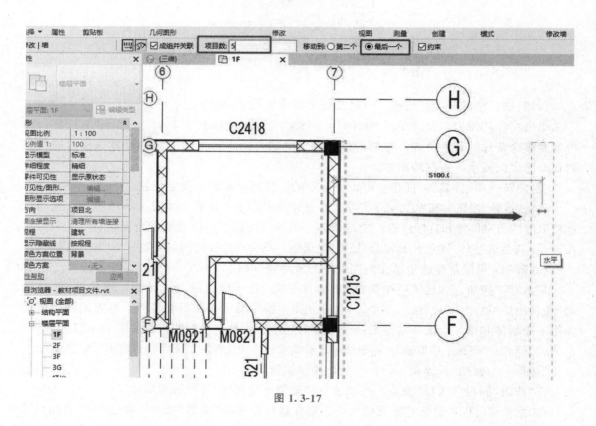

图 1.3-17

（6）对齐：在各视图中对构件进行对齐处理。选择目标构件，使用 Tab 功能键确定对齐位置，再选择需要对齐的构件，使用 Tab 功能键选择需要对齐的部位。

（7）拆分：在平面、立面或三维视图中单击墙体的拆分位置，将墙在水平或垂直方向拆分成几段。

（8）修剪：单击"修剪"按钮即可修剪墙体。

（9）延伸：可以修剪也可以延伸墙体。

（10）偏移：单击"偏移"按钮，在选项栏中设置偏移的方式，可以将所选图元偏移一定的距离。

（11）移动：单击"移动"按钮，可以将选定图元移动到视图中指定的位置。

【注意】如偏移时需生成新的图元，勾选"复制"复选框。

2. 门（窗）的编辑

选择门（窗），系统自动切换至"修改｜门（窗）"上下文功能区选项卡，在"修改"面板中选择相应的编辑命令。可在平面、立面、剖面、三维等视图中移动、复制、阵列、镜像、对齐门窗。

在平面视图中复制、阵列、镜像门（窗）时，如果没有同时选择其门（窗）标记的话，可以在后期随时添加。在"注释"选项卡"标记"面板中执行"全部标记"命令，然后在弹出的"标记所有未标记的对象"对话框中选择要标记的对象，并进行相应设置，所选对象将自动完成标记，如图 1.3-18 所示。

图 1.3-18

3. "视图"选项卡

"视图"选项卡中的基本命令，如图 1.3-19 所示。

图 1.3-19

（1）细线：Revit 软件默认的打开模式是粗线模型，当需要在绘图中以细线模型显示时，可执行"图形"面板中的"细线"命令。

（2）切换窗口：绘图时打开多个窗口，通过"窗口"面板中的"窗口切换"命令选择绘图所需窗口。

（3）关闭非活动视图：自动关闭当前没有在绘图区域使用的窗口。

（4）复制视图：执行该命令，将复制当前窗口。

（5）平铺视图：执行该命令，当前打开的所有窗口将平铺在绘图区域，如图 1.3-20 所示。

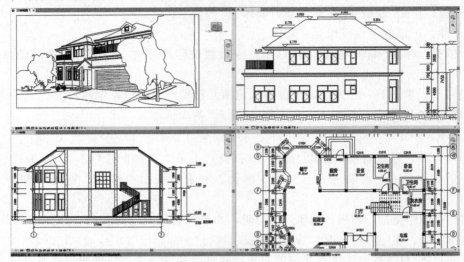

图 1.3-20

（6）选项卡视图：将绘图区域中所有打开的视图作为选项卡在单个窗口中进行排列。

【注意】以上界面中的工具在后面的内容中如有涉及，将根据需要进行详细介绍。

1.3.9 快捷菜单

在绘图区域单击鼠标右键，系统将弹出快捷菜单，菜单命令依次为"取消""重复［选项卡视图］""最近使用的命令""上次选择""查找相关视图""区域放大""缩小两倍""缩放匹配""上一次平移/缩放""下一次平移/缩放""浏览器""属性"等，如图 1.3-21 所示。

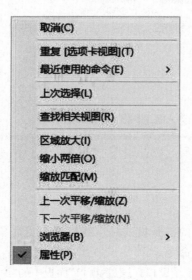

图 1.3-21

第 2 章
绘制标高和轴网

标高用来定义楼层层高及生成平面视图，标高不是必须作为楼层层高；轴网用于为构件定位，在 Revit 软件中轴网确定了一个不可见的工作平面。标高符号及轴网编号样式均可定制修改。Revit 软件目前可以绘制弧形和直线轴网，不支持绘制折线轴网。在本章中，需重点掌握轴网和标高的 2D、3D 显示模式的不同作用，影响范围命令的应用，轴网和标高标头的显示控制，如何生成对应标高的平面视图等功能应用。

2.1 新建项目

执行"新建"→"项目"命令，系统将弹出"新建项目"对话框，选择"建筑样板"，如图 2.1-1 所示，单击"确定"按钮即可新建项目文件。

图 2.1-1

【注意】在 Autodesk Revit 中，所谓项目文件，简单理解就是一个工程项目，它包含整个项目中应有的所有信息，如设置的单位、各种结构模型等。建筑的所有标准视图、建筑设计图及明细表都包含在项目文件中。只要修改结构模型，所有相关的视图、施工图和明细表都会随之自动更新。

创建新的项目文件是开始设计的第一步。

2.2 项目设置与保存

在"管理"选项卡"设置"面板中单击"项目信息"按钮，打开如图 2.2-1 所示的"项目信息"对话框，在对话框中输入项目信息。在"管理"选项卡"设置"面板中单击"项目单位"按钮，打开如图 2.2-2 所示的"项目单位"对话框。

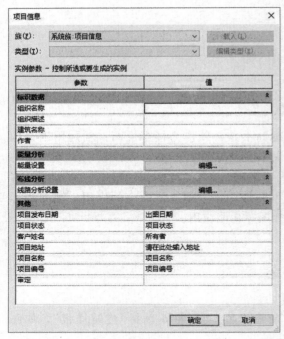

图 2.2-1

图 2.2-2

(1)单击"长度"后"格式"列按钮，将长度单位设置为毫米（mm）；单击"面积"后"格式"列按钮，将面积单位设置为平方米（m²）；单击"体积"后"格式"列按钮，将体积单位设置为立方米（m³）。

(2)执行"应用程序菜单"→"保存"命令，或在快速访问工具栏中单击"保存"按钮，在弹出的"另存为"对话框中设置保存路径，输入项目文件名，单击"保存"按钮即可保存项目文件。

2.3　创建标高

标高 是 Revit 软件中的一种工具。使用"标高"工具，可定义垂直高度或建筑内的楼层标高。要添加标高，必须处于剖面视图或立面视图中。在 Revit 软件中创建标高会自动生成对应的平面视图。但要注意的是复制或阵列现有标高时，将不会创建对应的平面视图，这时需要执行"视图"→"平面视图"→"楼层平面"命令，在弹出的"新建楼层平面"对话框中创建平面视图。

在 Revit 软件中，"标高"命令必须在立面和剖面视图中才能使用，因此在正式开始项目设计前，必须事先打开一个立面视图。

在"项目浏览器"中展开"立面（建筑立面）"项，双击视图名称"东"进入东立面视图，如图 2.3-1 所示。调整标高的方法如下：

方法一：调整"标高 2"，将一层与二层之间的层高修改为 3 m，如图 2.3-2 所示。

方法二：绘制"标高 3"，进入"建筑"选项卡，单击"基准"面板中的"标高"按钮，绘制"标高 3"，调整其间隔距离为 3 000 mm，如图 2.3-3 所示。

图 2.3-1

图 2.3-2

图 2.3-3

方法三：利用"复制"命令，创建室外地坪标高。选择"标高1"，单击"修改｜标高"上下文功能区选项卡"修改"面板中的"复制"按钮 ⊙。

移动光标在"标高1"上单击捕捉一点作为复制参考点，然后垂直向下移动光标，输入间距值"450"后按 Enter 键确认后复制新的标高，如图 2.3-4 所示。

需要注意的是：这时需要执行"视图"→"平面视图"→"楼层平面"命令去创建平面视图。如果是逐条去绘制标高则不用创建平面视图，系统会自动生成对应的平面视图。单击标头文字即可修改文字内容，如将"标高1"修改成"1F"。

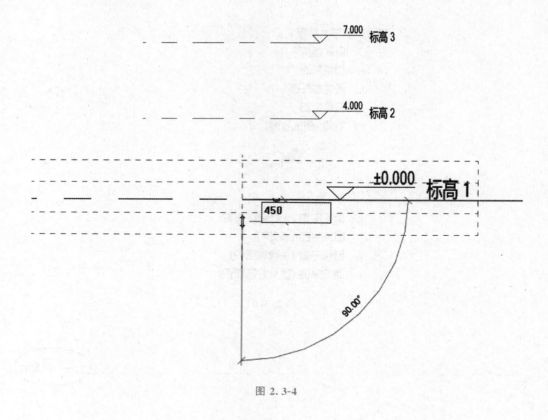

图 2.3-4

2.4　编辑标高

接上节练习完成下面的标高编辑。单击选中最后创建的"标高 4"，在"属性"面板中修改为"下标头"，如图 2.4-1 所示。

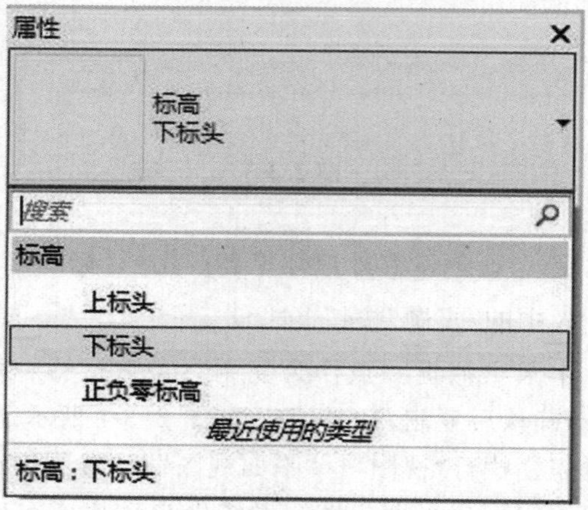

图 2.4-1

单击最后创建的"标高 4"的标头汉字进入文字修改状态，修改"标高 4"为"室外地坪"，结果如图 2.4-2 所示。

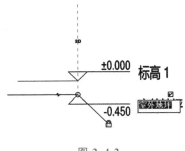

图 2.4-2

单击选中标高线，再单击"属性"面板栏中的"编辑类型"按钮，系统将弹出"类型属性"对话框，在该对话框中可以对标高进行设置，如图 2.4-3 所示。

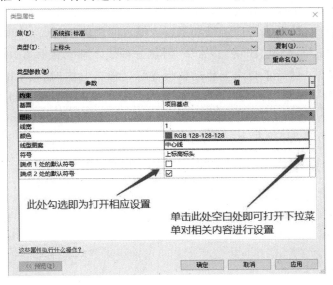

图 2.4-3

2.5　创建轴网

下面将在平面视图中创建轴网。在 Revit 软件中，轴网只需要在任意一个平面视图中绘制一次，其他平面和立面、剖面视图中都将自动显示。接上节练习，在"项目浏览器"中双击"楼层平面"项下的"标高 1"视图，打开首层平面视图。绘制第一条垂直轴线，轴号为①。利用"复制"命令创建②～⑦号轴网，具体方法为：单击选择①号轴线，移动鼠标在①号轴线上单击捕捉一点作为复制参考点，然后水平向右移动鼠标，输入间距值 600 后按 Enter 键确认，则将复制出②号轴线；保持鼠标位于新复制的轴线右侧，分别输入 3 900、3 300、3 600、2 100、4 200 后按 Enter 键确认，则将分别复制出③～⑦号轴线。

垂直轴线绘制完成后的结果如图 2.5-1 所示。

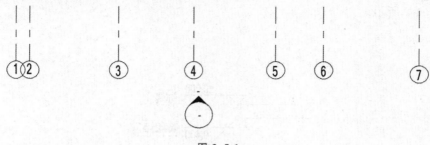

图 2.5-1

单击"建筑"选项卡"基准"面板中的"轴网"按钮，移动鼠标到平面视图中①号轴线标头左上方位置，单击捕捉一点作为轴线起点。然后从左向右水平移动鼠标到⑦号轴线右侧一段距离后，再次单击捕捉轴线终点，创建第一条水平轴线。

选择刚创建的水平轴线，修改标头文字为"A"，创建Ⓐ号轴线。

执行"复制"命令，然后水平向上移动鼠标，输入间距值 1 080 后按 Enter 键确认，复制出Ⓑ号轴线，单击"B"，修改"B"为"1/A"，创建分轴线。移动鼠标在⑴/A号轴线上单击捕捉一点作为复制参考点，然后垂直向上移动鼠标光标，输入"920"后按 Enter 键确认，这时得到轴号为"1/B"的轴线，修改其为"B"，然后继续复制出"Ⓒ"号轴线。继续执行"复制"命令，依次输入间距为 900、1 200、2 700、3 000、4 500、1 200，绘制出Ⓓ～Ⓗ号轴线。

完成后的轴网如图 2.5-2 所示，保存文件。

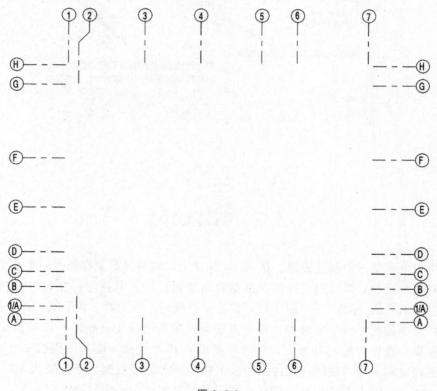

图 2.5-2

2.6　编辑轴网

　　轴网绘制完成后，需要在平面视图和立面视图中手动调整轴线标头位置，如修改①号和②号轴线标头影响等，以满足出图需求。单击②号轴线，单击添加弯头，拖曳弯头处圆点偏移②号轴线标头，如图 2.6-1 所示。

　　标头位置调整：将鼠标放置在"标头位置调整"符号上按住鼠标左键拖曳可整体调整所有标头的位置；如果先单击打开"标头对齐锁"，然后再拖曳即可单独移动一根标头的位置，如图 2.6-2 所示。

　　轴线的 2D 状态下的调整只影响当前视图显示内容，对其他视图没有影响。3D 状态下的调整会影响其他视图，包括轴线的视图。

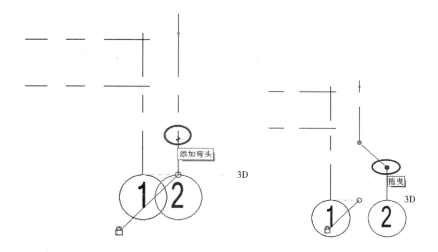

图 2.6-1

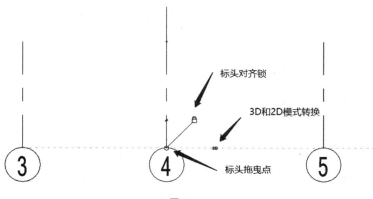

图 2.6-2

2.7 练习

1. 完成小别墅的标高绘制（图 2.7-1）。

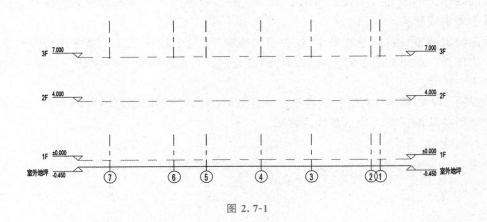

图 2.7-1

2. 完成小别墅的轴网绘制（图 2.7-2）。

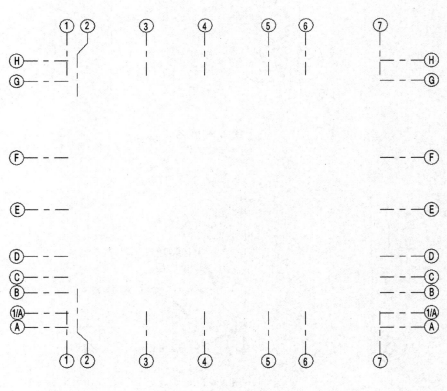

图 2.7-2

第 3 章

小别墅墙体的绘制和编辑

上一章完成了标高和轴网等定位依据设计，从本章开始将从一层平面开始，分层逐步完成三维模型的设计。本章将创建一层平面的墙体构件。

3.1 绘制小别墅一层平面外墙

在"项目浏览器"中双击"楼层平面"项下的"1F"，打开一层平面视图。

利用编辑墙中的方法新建：在"建筑"选项卡"构件"面板"墙"下拉列表中选择"墙：建筑"命令，在"属性"面板中单击"编辑类型"按钮，在弹出的"类型属性"对话框中对墙体进行设置，设置"基本墙－外墙 300"墙类型，其构造层设置如图 3.1-1 所示。

新建了墙类型后，即可选择该类型墙体直接绘制墙体。

单击"建筑"选项卡"构建"面板"墙"下拉列表中的"墙：建筑"按钮，在"属性"面板类型选择器中选择"基本墙－外墙 300"，调整"属性"面板中"底部约束"为"1F"，"顶部约束"为"直到标高：2F"。

使用"直线"命令，单击鼠标捕捉ⒸⒶ轴和①轴交点为绘制墙体起点，顺时针单击捕捉Ⓖ轴和①轴交点、Ⓗ轴和⑦轴交点、Ⓐ轴和⑦轴交点、Ⓐ轴和⑤轴交点、Ⓓ轴和⑤轴交点、Ⓓ轴和④轴交点、Ⓒ轴和④轴交点、Ⓒ轴和①轴交点，绘制部分墙体，如图 3.1-2 所示。

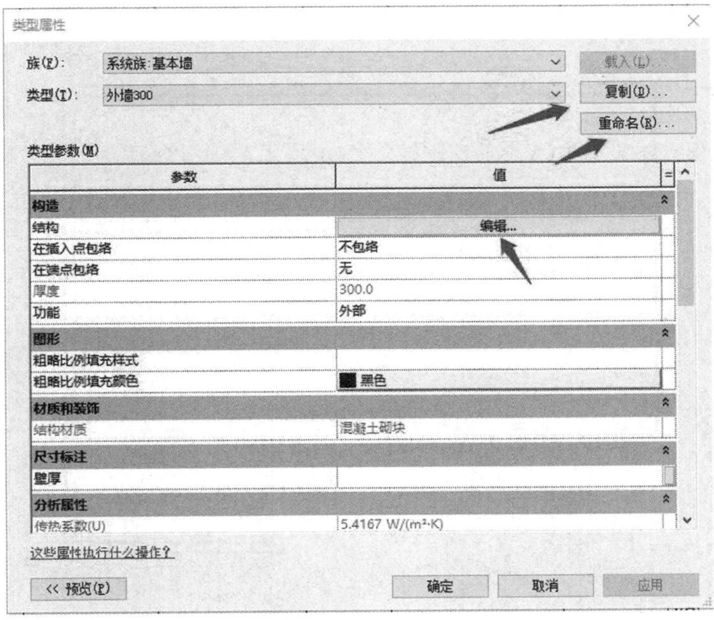

图 3.1-1

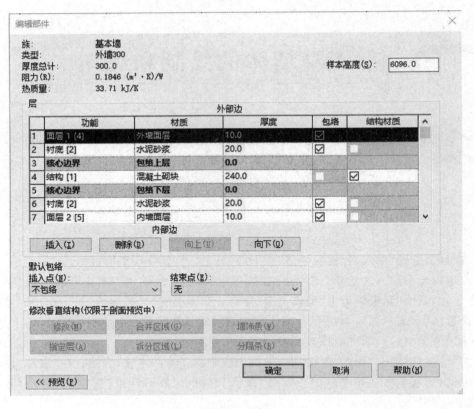

图 3.1-1(续)

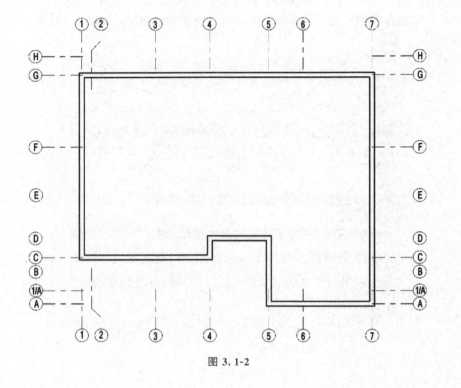

图 3.1-2

在实际设计中会有一些不规则的墙体，下面来绘制平面视图上与水平和垂直方向有角度的墙体。首先绘制参考平面和辅助轴线完成定位，单击"建筑"选项卡"工作平面"面板中的"参照平面"按钮 ，各个参照平面如图 3.1-3 所示。

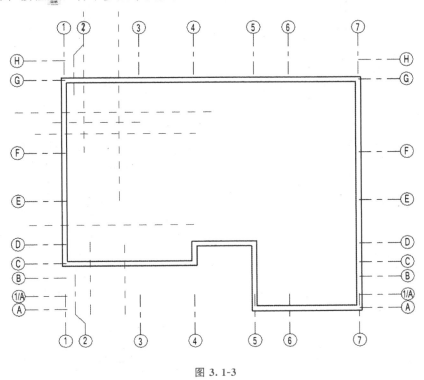

图 3.1-3

参照平面的定位如图 3.1-4 所示，通过拖曳控制点来定位参照平面的临时尺寸线的位置，然后通过修改临时尺寸的数值来准确定位。在距离③轴左侧 1 200 的位置、距离①轴右侧 1 200 的位置，分别绘制两个参照平面。在⑥轴下面，距离⑥轴 2 000、2 600、3 300 的位置，分别绘制③个参照平面。距离⑥轴下面 1 500 的位置绘制 1 个参照平面。距离①轴右侧 1 500、3 600 的位置，分别绘制 2 个参照平面。

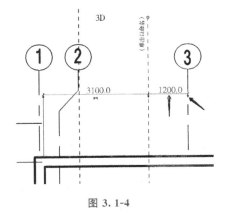

图 3.1-4

单击"建筑"选项卡"构建"面板"墙"下拉列表中的"墙：建筑"按钮，在"属性"面板类型选择器中选择"基本墙—外墙 300"，按图 3.1-5 所示绘制完成一层平面墙体部分。

单击快速访问工具栏中的"默认三维视图"按钮 来激活三维视图。单击视图控制栏中的"视觉样式"按钮 ，选择"隐藏线"模式。单击"视觉样式"按钮，选择"图形显示选项"选项，在弹出的"图形显示选项"对话框中进行如下设置：模型显示→轮廓→宽线；阴影：勾选投射阴影和显示环境阴影；照明：阴影调节数值为 25。设置完成后单击"确定"按钮。设置好的三维视图如图 3.1-6 所示。

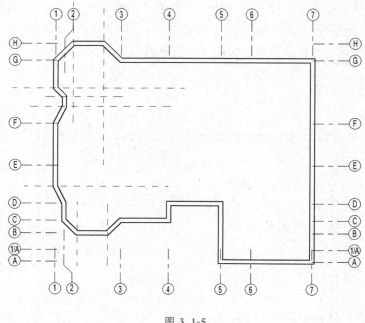

图 3.1-5

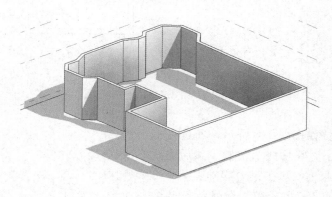

图 3.1-6

3.2　绘制小别墅一层平面内墙

接上节继续绘制，单击"建筑"选项卡"构建"面板"墙"下拉列表中的"墙：建筑"按钮，单击"属性"面板中的"编辑类型"按钮对墙体进行设置，在"属性"面板类型选择器中选择"基本墙-内墙 240"墙类型，其构造层设置如图 3.2-1 所示。

设置属性：设置实例参数"底部约束"为"1F"，"顶部约束"为"直到标高：2F"。按图 3.2-2 所示内墙位置捕捉轴线交点，绘制一层内墙。

单击"建筑"选项卡"构建"面板"墙"下拉列表列中的"墙：建筑"按钮，在"属性"面板类型选择器中选择"内部-砌块墙 140"，在Ⓔ轴和Ⓕ轴位置靠近⑦轴处绘制一段内墙，单击绘制好的此段内墙，通过调整临时尺寸为 1 500 来定位这段内墙的位置，如图 3.2-3 所示。应用临时尺寸定位来绘制如图 3.2-4 所示内墙部分。

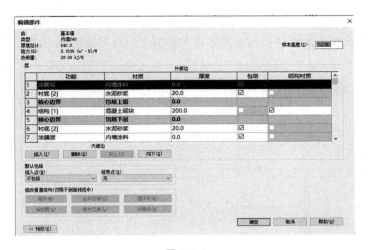

图 3.2-1

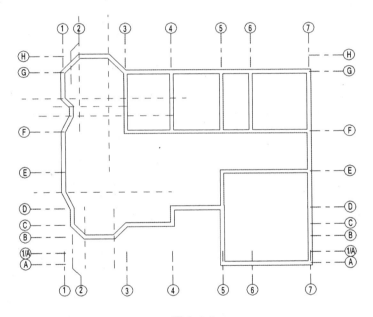

图 3.2-2

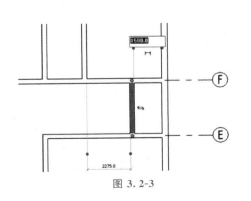

图 3.2-3

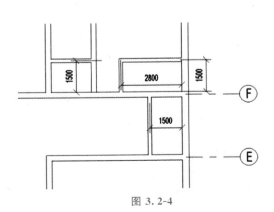

图 3.2-4

　　下面对⑤轴和⑥轴刚刚绘制的内墙进行编辑修改。单击⑤轴上在⑥轴和⑤轴之间的内墙，如图 3.2-5 所示拖动箭头所指的控制点与⑤轴和⑥轴之间的内墙相交。这个编辑修改也可以通过单击"修改"面板中的"修剪/延伸为角"按钮 ，依次单击如图 3.2-5 所示墙体位置即可完成操作。完成后的墙体如图 3.2-6 所示。

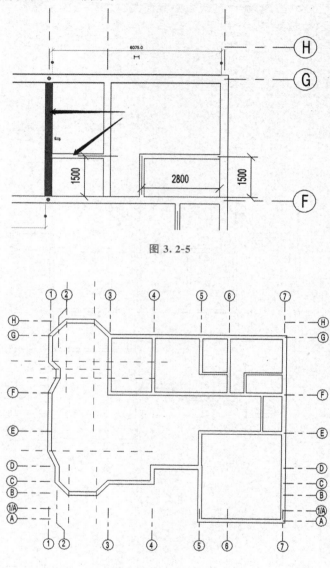

图 3.2-5

图 3.2-6

3.3　练习

　　完成小别墅一层的墙体绘制。

第4章

绘制小别墅门窗和楼板

首先要知道门窗在 Revit 软件中通常是以族的形式存在的，并且门和窗是不同的族。在三维模型中，门窗的模型与它们的平面表达并不是对应的剖切关系，这说明门窗模型与平面、立面表达可以相对独立。此外，门窗在项目中可以通过修改类型参数，如门窗的宽、高及材质等，形成新的门窗类型。门窗主体为墙体，没有墙体就无法布置门窗，它们对墙具有依附关系，删除墙体，门窗也随之被删除。

4.1 布置小别墅一层平面的门

接上节练习，在为模型布置门窗前，首先要插入合适的门窗族。单击"插入"选项卡"从库中载入"面板中的"载入族"按钮，在弹出的"载入族"对话框中，在查找范围中查找系统族库所在的文件夹：建筑→门→普通门→平开门→单扇-单嵌板木门 2.rfa，单击"打开"按钮完成族的载入。按照这个方式再载入一个双扇的木门：双面嵌板木门 2.rfa。

打开"1F"视图，单击"建筑"选项卡"构建"面板中的"门"按钮，单击"属性"面板中的类型选择器下拉按钮，选择"单嵌板木门 2"类型中的 900 mm×2 100 mm。单击"编辑类型"按钮，系统将弹出"类型属性"对话框。在该对话框中可以对门的各部分材质进行设置，也可以对门的宽度等参数进行修改来得到一个新的子类型门；在这里还要对类型标记进行修改，类型标记就是要给门进行编号，此处按照我国的制图规范修改类型标记为 M0921。设置好以后单击"确定"按钮，进入放置门指令状态。

对于门窗编号的标记，一种方法是在"标记"面板中选择"在放置时进行标记"选项，以便对门进行自动标记，若要引入标记引线，可在选项栏中勾选"引线"并设定长度；另一种方法是先不设置标记，而是在最后出图调整阶段，单击"注释"选项卡"标记"面板中的"全部标记"按钮，在弹出的对话框中设置需要标记的类型一次性进行标记。在这里选择"在放置时进行标记"选项，不勾选"引线"复选框，然后在如图 4.1-1 所示位置插入门 M0921。单击选中插入的门，通过调整图 4.1-2 中箭头所指的门翻转控件和临时尺寸标注来准确定位。在平面视图中放置门之前，按 Space 键也可以控制门的左右开启方向。单击门的编号，拖动出现的移动控件来布置门编号的合适位置。如图 4.1-3 所示为对刚插入门完成调整后的示意图。切换到三维视图，如图 4.1-4 所示。

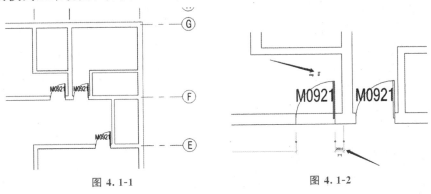

图 4.1-1　　　　　　　　　　　图 4.1-2

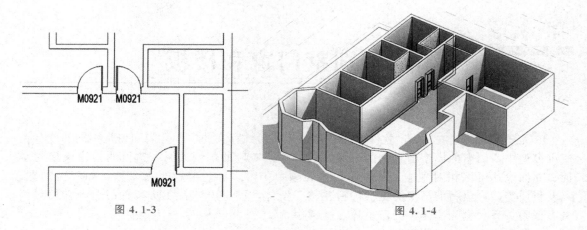

图 4.1-3   图 4.1-4

　　同理，插入卷帘门族和推拉门族，并在"属性"面板类型选择器中分别选择"卷帘门：JLM5524""双面嵌板木门－M1821""单面嵌板木门－M0821""双扇推拉门－LM1521"，按图 4.1-5 所示位置插入到一层墙上。

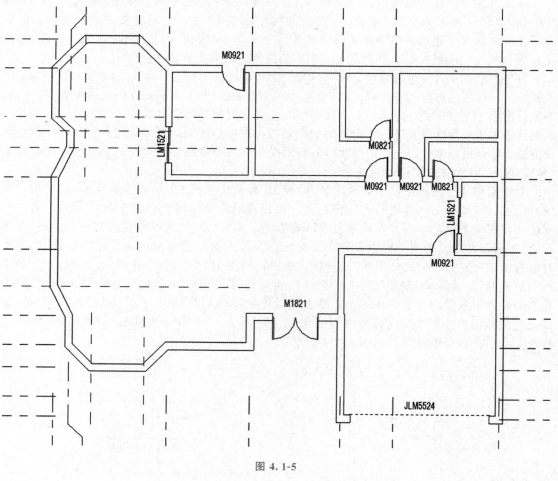

图 4.1-5

　　完成一层的门如图 4.1-4 所示，保存文件。

4.2　布置小别墅一层平面的窗

接上节练习，首先还是要先插入需要的窗族。插入系统族库中的窗：组合窗-双层单列（固定＋推拉），并修改参数创建 C1218、C1224、C1524、C0924、C1215；插入系统族库中的窗：组合窗-双层三列（平开＋固定＋平开），并修改参数创建 C2418、C2424、C2118。

打开"1F"视图，单击"建筑"选项卡"构建"面板中的"窗"按钮。在"属性"面板类型选择器中分别选择刚才创建的窗类型，按图 4.2-1 所示位置，在墙上单击将窗放置在合适位置。

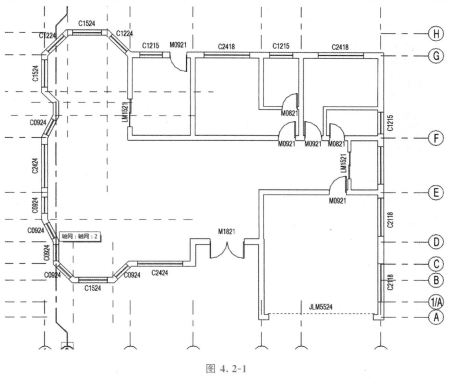

图 4.2-1

4.3　修改窗台高

卫生间的窗台底高度与其他窗户的高度不一致，需要编辑调整窗台高度。调整方法如下：

方法一：插入"窗 C1215"时，在"属性"面板中修改"底高度"值为 1 800，如图 4.3-1 所示。这种方式修改的是实例参数，只对当前操作的构件产生影响。如果在"类型属性"对话框中修改"默认窗台高度"的数值，将会对所有这一类型的构件都产生影响，如图 4.3-2 所示。这也是类型参数与实例参数的一个区别。

方法二：先按默认设置插入窗"C1215"，切换至立面视图，选择窗"C1215"，调整临时尺寸界线，修改临时尺寸标注值。

操作方法：进入项目浏览器，单击"立面（建筑立面）"展开，双击"东"进入东立面视图。在东立面视图中选择窗编号"C1215"的卫生间窗户，如图 4.3-3 所示，将临时尺寸标注值"900"修改为"1 800"后按 Enter 键确认修改。

使用同样方法编辑⑤轴和⑥轴之间的窗"C1215"的底高度。编辑完成后的地下一层窗如图 4.3-4 所示，保存文件。

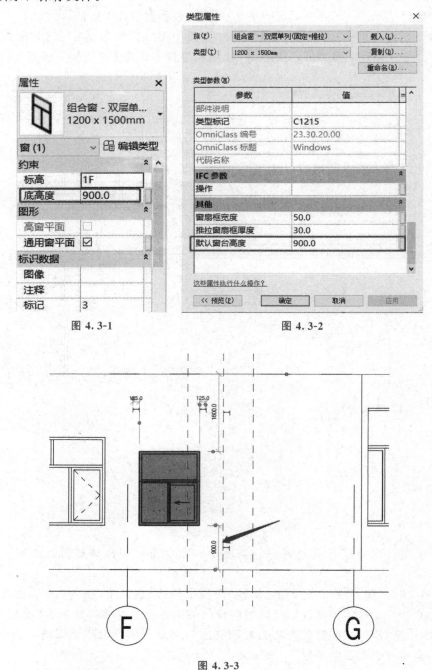

图 4.3-1

图 4.3-2

图 4.3-3

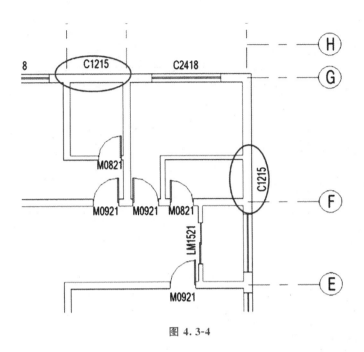

图 4.3-4

　　此时会发现这两个底高度为 1 800 的窗在平面视图中不可见了，这是由于系统默认的绘制平面图的剖切面的高度是 1 200 造成的。在"属性"面板中拖动下拉条找到"视图范围"，单击"编辑"按钮，在弹出的"视图范围"对话框中将剖切面的偏移值修改为 1 800，单击"应用"按钮，再单击"确定"按钮，如图 4.3-5 所示完成修改。这时就可以看到在一层平面图中各个窗户都正确显示出来了，如图 4.3-6 所示。

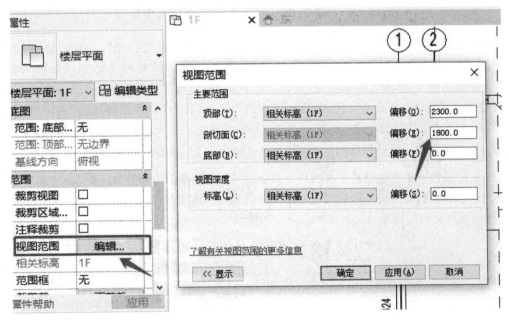

图 4.3-5

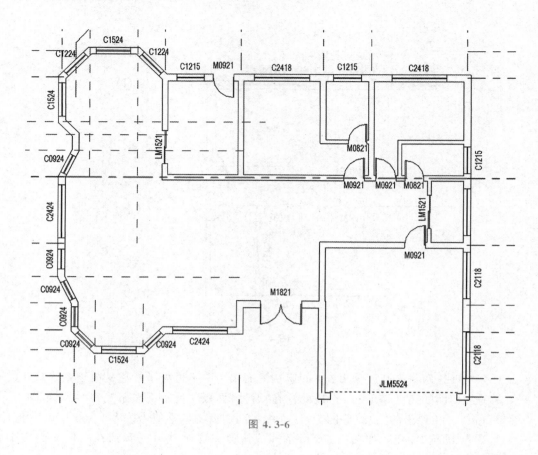

图 4.3-6

4.4 创建小别墅一层楼板

在项目浏览器中双击"楼层平面"项下的"1F"，打开"1F"平面视图。单击"建筑"选项卡"构建"面板"楼板"下拉列表中的"楼板：建筑"按钮，在"属性"面板类型选择器中选择"常规楼板－150 mm"，单击"编辑类型"按钮，在弹出的"类型属性"对话框中单击"复制"按钮，修改名称为"常规－120 mm"，单击"确定"按钮关闭"名称"对话框，再单击"确定"按钮完成板厚120 mm 的楼板类型的创建。创建一个新的楼板类型进入楼板绘制模式，单击"绘制"面板中的"拾取墙"按钮 ，将鼠标光标放置在墙体外轮廓线上，这时墙体轮廓线高亮显示（图 4.4-1），同时在设定的墙体构造层的结构部分的外边界会以高亮虚线显示，单击即可在虚线位置创建楼板轮廓线。依次单击拾取外墙外边线自动创建楼板轮廓线，或者使用 Tab 键全选外墙，如图 4.4-2 所示。拾取墙创建的轮廓线自动和墙体保持关联关系。

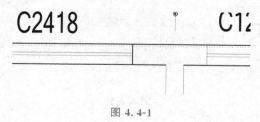

图 4.4-1

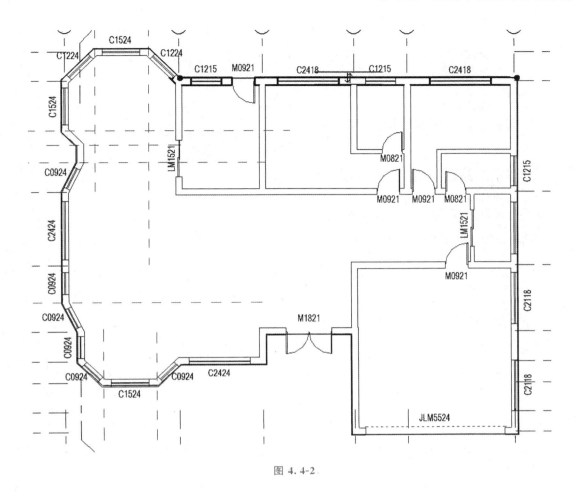

图 4.4-2

　　属性设置，在"属性"面板中设置楼板所在标高位置"1F"，单击"编辑类型"按钮，弹出"类型属性"对话框，单击"结构"后的"编辑"按钮，和墙体构造的设置方式一样进行楼板的构造设置，新建一个材质——"现场浇筑混凝土"。

　　如图 4.4-3 所示，在"编辑部件"对话框中单击结构[1]的材质中的"按类别"按钮，打开"材质浏览器"对话框。单击"创建并复制材质"→"新建材质"按钮，创建一个"默认为新材质（1）"的材质，如图 4.4-4 所示。然后单击"打开和关闭浏览器"按钮弹出"资源浏览器"对话框，在搜索栏输入"混凝土"，在下拉列表中选择"外观库"→"混凝土"，在资源名称中选择"混凝土-现场浇注"，然后单击左侧双向箭头按钮将材质赋予刚刚创建的"默认为新材质（1）"，如图 4.4-5 所示。关闭"资源浏览器"对话框。在"默认为新材质（1）"上单击鼠标右键，在弹出的快捷菜单中选择"重命名"选项，将名字改为"现场浇筑混凝土"，单击"确定"按钮退出"材质浏览器"对话框。再将厚度改为 120，单击"确定"按钮完成楼板构造设置，再单击"类型属性"中的"确定"按钮完成楼板的设置。在"修改 | 创建楼层边界"上下文功能区选项卡"模式"面板中单击"完成编辑模式"按钮 ✔ 完成楼板绘制。切换到三维视图，如图 4.4-6 所示，小别墅一层部分的主体构件即基本创建完成。

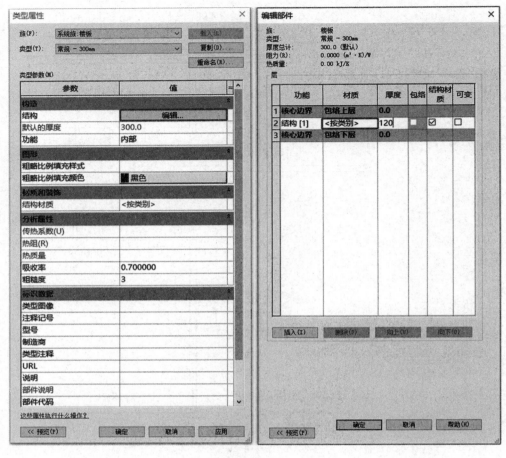

图 4.4-3

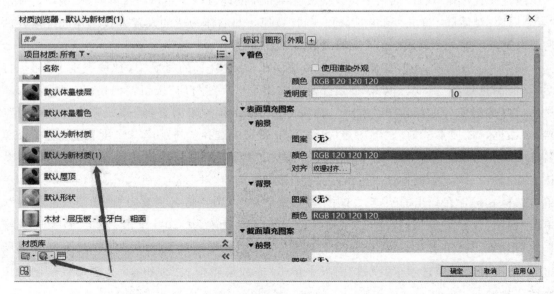

图 4.4-4

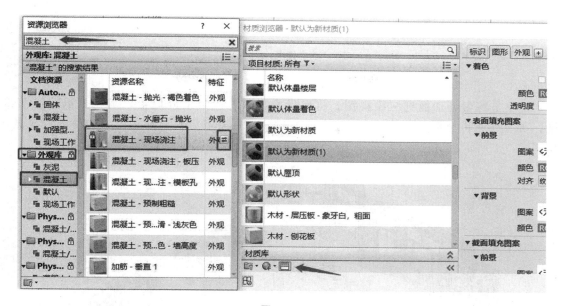

图 4.4-5

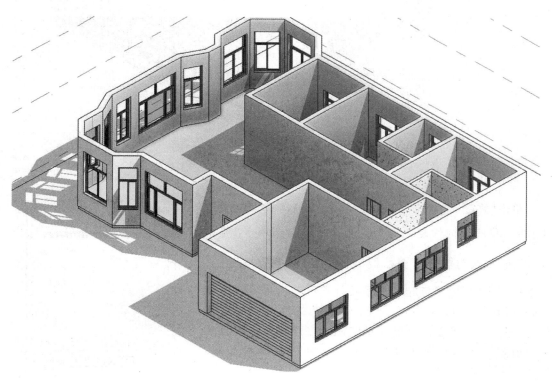

图 4.4-6

4.5 复制一层外墙

接上节练习，切换到三维视图，将鼠标光标放在一层的外墙上，高亮显示后按 Tab 键，所有外墙将全部高亮显示，单击鼠标左键，一层外墙将被全部选中，构件蓝色亮显，如图 4.5-1 所示。

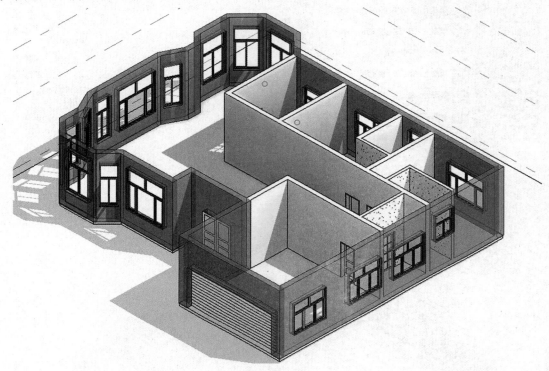

图 4.5-1

单击"修改"选项卡"剪贴板"面板"复制到剪贴板"按钮 ，将所选构件复制到剪贴板中。单击选项卡"剪贴板"面板"修改"选项卡"剪贴板"面板"粘贴"下拉按钮 ，在下拉列表中单击"与选定的标高对齐"按钮，弹出"选择标高"对话框，如图 4.5-2 所示。单击"2F"，再单击"确定"按钮。一层平面的外墙都被复制到二层平面，同时由于门窗默认为是依附于墙体的构件，所以一并被复制，如图 4.5-3 所示。

图 4.5-2

图 4. 5-3

在项目浏览器中双击"楼层平面"项下的"2F"，打开二层平面视图。在二层要设计两处屋顶露台，所以现在把一些门窗删除。在三维视图中按住 Ctrl 键单击鼠标左键，依次选择图 4.5-4 所示的门窗，按 Delete 键删除这部分高亮显示的不合适的门窗。

图 4. 5-4

4.6　修改编辑二层外墙

调整外墙位置：将鼠标光标放到任意外墙单击鼠标右键，在弹出的快捷菜单中选择"创建类似实例"，捕捉③轴与ⓒ轴交点、③轴与ⓓ轴交点、②轴与ⓓ轴交点，依次绘制出二层外墙体。选择ⓒ轴和ⓓ轴之间的窗，并将其删除。单击ⓒ轴和ⓓ轴之间的二层外墙，在"属性"面板中设置"顶部约束"为"未连接"，设置"无连接高度"为"450.0"。在视图空白处单击，完成设置（图 4.6-1）。切换到三维视图，在"修改"选项卡选择"剪贴板"面板中的"匹配类型属性工具" ，先单击刚刚修改过高度的ⓒ轴和ⓓ轴之间的二层外墙，然后依次单击相邻的同样需要修改高度的三面墙体，将这三面墙体统一修改为与ⓒ轴和ⓓ轴之间的二层外墙一致的属性（图 4.6-2）。

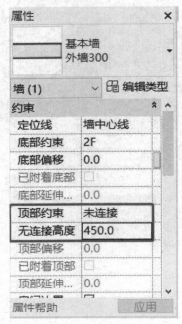

图 4.6-1

图 4.6-2

同样将车库上面二层部分的⑤轴、⑦轴之间的外墙也用"匹配类型属性工具"刷成和Ⓒ轴、Ⓓ轴之间的二层外墙一致的属性。二层这里Ⓐ轴和Ⓓ轴之间的窗也是没有的，选中它，按 Delete 键删掉。单击"修改"面板"拆分图元"按钮 ▭ᴵᴾ，此时鼠标光标变成刻刀状，在⑦轴和Ⓒ轴的外墙交点处单击，将此外墙分拆为两部分。在⑤轴和Ⓒ轴的外墙交点处单击，将此外墙也拆分为两部分。单击一段外墙，单击鼠标右键选择"创建类似实例"，在⑤轴和Ⓒ轴交点与⑦轴和Ⓒ轴交点依次单击，创建一段外墙。再次使用"匹配类型属性工具"，将刚才拆分开的Ⓐ轴和Ⓒ轴之间的外墙修改为 450 高度。修改完成后，单击"修改"面板中的"修剪/延伸为角"按钮，如图 4.6-3 所示在此两点处单击，完成此处外墙修改。修改后如图 4.6-4 所示。

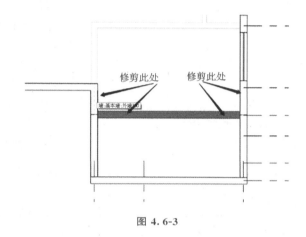

图 4.6-3

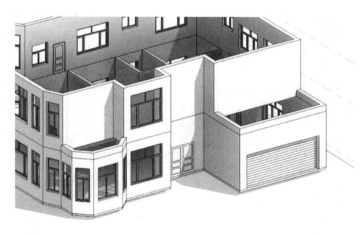

图 4.6-4

现在回到二层平面视图中，如图 4.6-5 所示，这两处的墙体连接处显示的不正确，单击鼠标选中Ⓐ轴和Ⓒ轴之间的墙体，将鼠标光标放在高亮显示的圆形拖曳点上（图 4.6-6），单击鼠标右键选择"不允许连接"将其拖曳到墙体连接处（图 4.6-7）。选中Ⓒ轴上的墙体，直接拖曳连接点到墙体交接位置，系统会重新计算一次墙体连接，这样就可以正确显示了，同样对另一侧的墙体进行操作即可，完成后如图 4.6-8 所示。

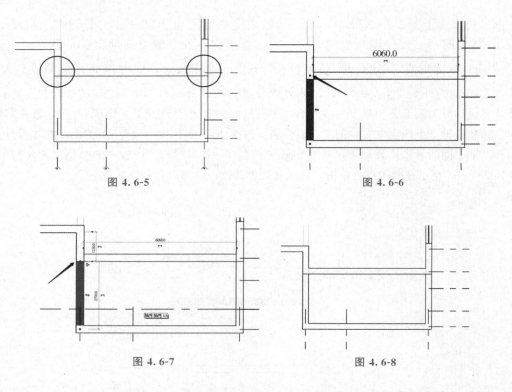

图 4.6-5　　　　　　　　　　　　图 4.6-6

图 4.6-7　　　　　　　　　　　　图 4.6-8

　　打开二层平面视图，黑色实线是二层的墙体轮廓线，灰色的淡显实线是一层平面的墙体轮廓，在绘制二层墙体时可以辅助我们掌握与一层墙体的对位情况，这里为了看清楚二楼的墙体情况，将其设置为不可见，在视图窗口空白处单击鼠标左键，确保不选中任何物体，这时的"属性"面板为"楼层平面"，如图 4.6-9 所示，将底图中的"范围：底部"中的"1F"改为"2F"即可。

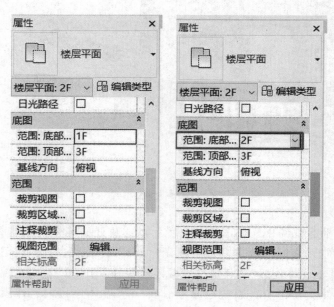

图 4.6-9

4.7　绘制二层内墙

接上节练习，绘制二层平面内墙。

打开二层平面视图，单击"建筑"选项卡"构建"面板"墙"下拉列表中的"墙：建筑"按钮，在"属性"面板"类型选择器"中选择已经设置好的"基本墙：内墙 240 mm"类型，在"绘制"面板选择"线"命令，"定位线"选择"墙中心线"。

在"属性"面板中设置实例参数"底部限制条件"为"2F"，"顶部限制条件"为"直到标高 3F"，自动应用，如图 4.7-1 所示绘制 240 mm 内墙。

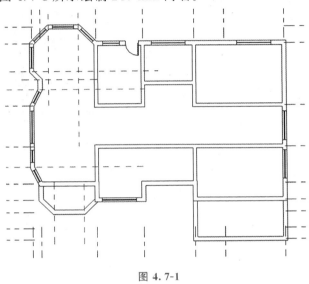

图 4.7-1

在类型选择器中选择设置好的"基本墙：内部砌块 140 mm"类型，选项栏选择"绘制"命令。"属性"面板中设置实例参数"底部限制条件"为"2F"，"顶部限制条件"为"直到标高 3F"，自动应用，如图 4.7-2 所示绘制 140 mm 内墙。完成后的二层墙体如图 4.7-3 所示，保存文件。

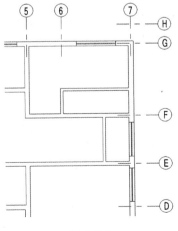

图 4.7-2

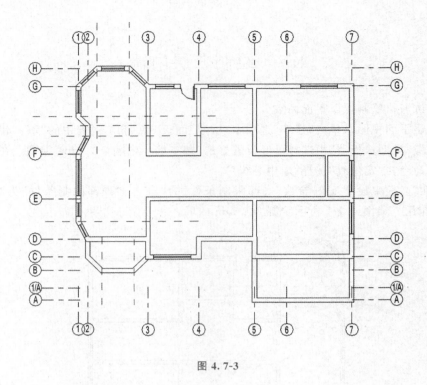

图 4.7-3

4.8　修改和编辑完善二层门窗

编辑完成二层平面内外墙体后，即可编辑修改二层门窗。在编辑门窗之前先对二层的墙体高度进行调整，由于二层的墙体是复制的一层墙体，而一层墙体的高度是 4 000，但二层的层高是 3 000，进入三维视图用框选的方式把二层的构件全部选中，单击"修改｜墙"上下文选项卡"选择"面板中的"过滤器"按钮 ，在弹出的对话框中只勾选墙体，这里先把所有的墙体全部选中，将顶部约束设置为"直到标高：3F"，将顶部偏移设置为 0。此时二层的窗高就不适合了，因此要对二层的窗高进行调整，分别选中需要修改的门窗，在属性栏对其类型和实例参数进行修改，方法同 4.2 节内容，本节不再详述。

接前面练习，在"项目浏览器"→"楼层平面"下双击"2F"，打开二层平面视图。首先将③轴和④轴之间的门删掉，现在的窗是复制原有一层平面中的窗，在二层平面中没有编号，单击"注释""标记"面板中的"全部标记"按钮 ，弹出"标记所有未标记的对象"对话框，如图 4.8-1 所示，勾选"窗标记"，单击"确定"按钮。然后调整编号位置，并且在"属性"面板中拖动下拉条找到"视图范围"，单击"编辑"按钮打开"视图范围"对话框，将剖切面的偏移值修改为 1 850，单击"应用"→"确定"按钮，如图 4.8-2 所示。

图 4.8-1

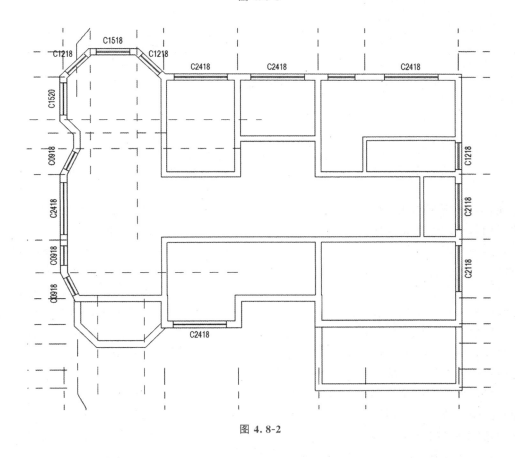

图 4.8-2

如图 4.8-3 所示，插入相应门窗，具体方法在前面章节已经讲过，这里不再详述。

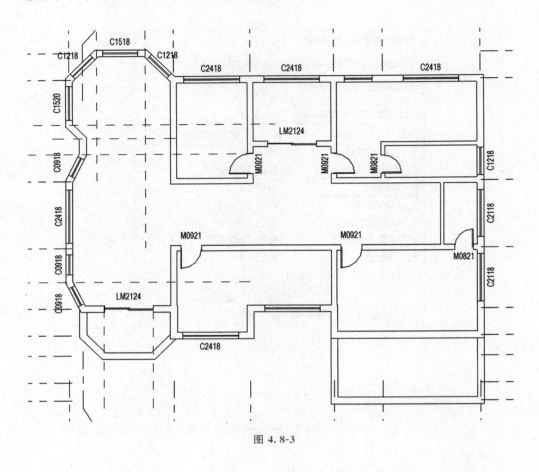

图 4.8-3

4.9 创建二层楼板

现在给小别墅创建二层楼板。Revit 可以根据墙来创建楼板边界轮廓线自动创建楼板，在楼板和墙体之间保持关联关系，当墙体位置改变后，楼板也会自动更新。

接上节练习，切换至二层平面视图。单击"建筑"选项卡"构建"面板"楼板"下拉列表中的"楼板：建筑"按钮，进入楼板绘制模式。

单击"绘制"面板"拾取墙"按钮，移动鼠标光标到外墙外边线上，这时系统会根据设置的外墙构造自动将结构层和面层的边界高亮显示出来，高亮显示的虚线就是要创建的楼板边界。依次单击拾取外墙外边线，自动创建楼板轮廓线，或者将鼠标光标位于任意外墙处时，按 Tab 键，系统会自动将连续外墙全部选中，此时单击外墙系统会自动创建好全部楼板的边界线。采用拾取墙创建的轮廓线，会自动和墙体保持关联关系。

这里需要注意的是，不论采用哪种方式得到的轮廓线，这个轮廓线必须是封闭的而且不能有重叠的线。可以通过"修剪"等编辑命令来编辑修改轮廓线使其封闭，也可以通过移动鼠标光标拖动迹线端点移动到合适位置来实现，Revit 将会自动捕捉附近的其他轮廓线的端点。当完成楼板绘制时，如果轮廓线没有封闭，系统会自动提示。

也可以单击"绘制"面板中的"线"命令，选择"线""矩形""圆弧"等绘制命令，绘制封闭楼板轮廓线。还可以直接在选项栏中设置偏移量 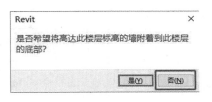，使用"拾取墙"或者"绘制线"来得到楼板轮廓线时的偏移量。单击"模式"面板中的"完成编辑模式"按钮完成楼板绘制，系统弹出图 4.9-1 所示对话框，单击"否"按钮，结果如图 4.9-2 所示。

图 4.9-1

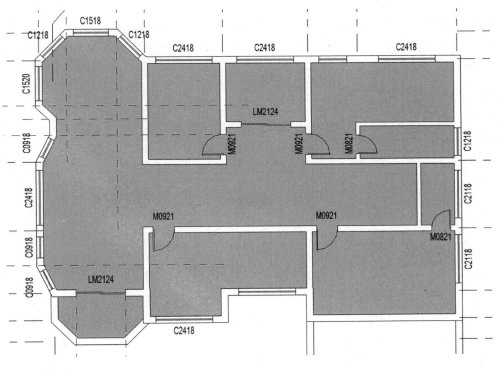

图 4.9-2

　　此时发现使用 Tab 键自动选择的外墙轮廓在⑤轴和⑦轴之间少了一部分，这时可以通过编辑楼板来修改边界。单击楼板，单击"模式"面板中的"编辑边界"按钮，这时楼板又回到生成轮廓线状态，使用"拾取墙"命令拾取⑤轴和⑥轴之间的墙体，得到楼板轮廓线，如图 4.9-3 所示。

　　单击"修改"面板中的"修剪/延伸为角"按钮，分别修剪⑤轴和⑦轴与刚补充创建的轮廓线，如图 4.9-4 所示。单击ⓒ轴处多余的轮廓线，按 Delete 键删除，单击"完成编辑模式"按钮，再单击弹出对话框中的"否"按钮完成楼板绘制。

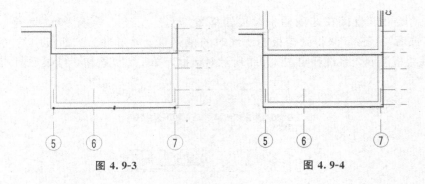

图 4.9-3   图 4.9-4

至此，本案例二层平面的主体构件基本绘制完成，保存文件。

【注意】

（1）当使用拾取墙时，可以在选项栏勾选"延伸到墙中（至核心层）"，设置到墙体核心的"偏移"量参数值，然后单击拾取墙体，直接创建带偏移的楼板轮廓线。

（2）连接几何图形并剪切重叠体积后，在剖面图上墙体和楼板的交接位置将自动处理。

（3）如图 4.9-5 所示，这里如果选择"是"，在相邻楼层之间墙体构造的面层部分会断开。

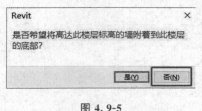

图 4.9-5

4.10 创建小别墅建筑勒脚

本节学习创建建筑的勒脚。这部分一般都是室内外高差这部分的外墙体，当然这不是绝对的，但在模型的绘制上方法是相同的。

方法一：展开"项目浏览器"下楼层"平面"，双击"1F"，进入"一层平面"视图。用鼠标结合 Tab 键将一层的外墙全部选中，如图 4.10-1 所示，将底部偏移量改为−450。

方法二：首先在任意立面视图中创建一个新的标高，这个标高一定要在已有的所有标高之上，如图 4.10-2 所示，回到一层平面视图中，用鼠标结合 Tab 键将一层的外墙全部选中，单击"剪贴板"面板中的"复制到剪贴板"按钮，然后单击"从剪贴板中粘贴"，选择"与选定的标高对齐"，在对话框中选择刚创建的新的标高。切换到三维视图，如图 4.10-3 所示。

在三维视图中使用鼠标框选刚复制的全部构件，单击"模式"面板的"过滤器"按钮，弹出"过滤器"对话框，取消墙的勾选（图 4.10-4），单击"确定"按钮，然后使用 Delete 键删除选中的所有门窗。再次使用鼠标框选这部分的墙体，在"属性"面板中修改底部约束为室外地坪，如图 4.10-5 所示，修改顶部约束为"直到标高：1F"，修改顶部偏移为"0.0"。完成建筑勒脚部分的绘制，如图 4.10-6 所示。

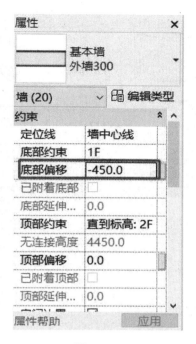

图 4. 10-1

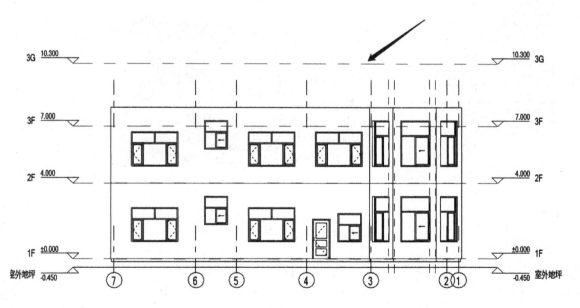

图 4. 10-2

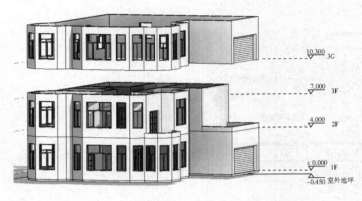

图 4.10-3

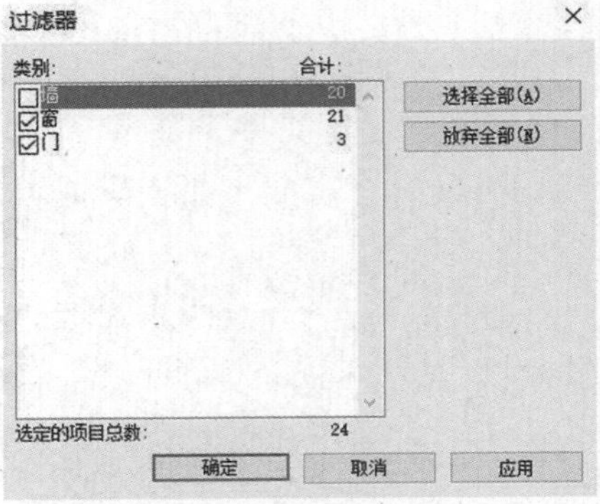

图 4.10-4

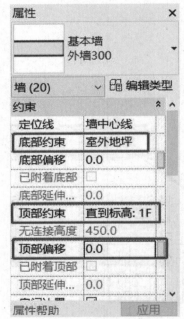

图 4.10-5

图 4.10-6

4.11　绘制车库入口雨篷

　　本节绘制一层车库入口的雨篷，展开项目浏览器视图→"楼层平面"，双击"1F"，打开"1F"平面视图。单击"建筑"选项卡"构建"面板"楼板"下拉列表中的"建筑：楼板"按钮，在"属性"面板类型选择器中选择"常规楼板－150 mm"，单击"编辑类型"按钮，在"类型属性"对话框中单击"复制"按钮，修改名称为"雨篷－120 mm"，单击"确定"按钮，创建一个新的类型。编辑其结构类型厚度为120。单击"确定"按钮完成板厚120 mm 的雨篷板类型的创建。进入楼板绘制模式，绘制边界线，选择矩形，如图4.11-1所示，绘制雨篷边界线，调节宽度临时尺寸为 1 000，在空白处单击鼠标左键退出绘制状态，在"属性"面板设定"自标高的高度偏移"为 2 800，单击"应用"按钮，单击"模式"面板中的"完成编辑模式"按钮，完成雨篷板的绘制。进入三维视图，如图 4.11-2 所示。

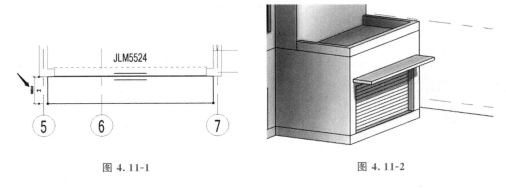

图 4.11-1　　　　　　　　　　　　　　　　图 4.11-2

4.12　绘制一层主入口台阶

　　Revit 中没有专用的"台阶"命令，可以采用创建楼板叠加、常规模型、外部构件族、楼板边缘甚至楼梯等很多方式创建各种台阶模型。本节讲述使用"楼边板"命令创建台阶的方法。

　　接上节练习，展开项目浏览器"视图"→"楼层平面"，双击"1F"，打开"1F"平面视图。首先使用"楼板"命令绘制南侧主入口处的室外楼板。单击"楼板"下拉菜单中的"楼板：建筑"按钮，使用绘制面板中的"矩形"命令绘制图 4.12-1 所示楼板的轮廓。在"属性"面板类型选择器中选择"常规－150 mm"楼板类型。单击模式面板中的"完成编辑模式"按钮 ✔，在弹出的"墙体附着"对话框中选择"否"，完成后的室外楼板如图 4.12-2 所示。

　　完成这个楼板后，制作一个用于楼板边的轮廓族，用于绘制台阶踏步部分。这里要新建一个轮廓族（注：公制轮廓可以用于所有轮廓用途。如果轮廓被强制定义了用途类型，如公制窗，则不可以用于其他用途），执行"文件"→"新建"→"族"命令，在打开的系统族样板文件中找到"公制轮廓。"。轮廓族的操作界面比较简单，工具栏主要就是绘制线工具，项目浏览器中只有一个楼层平面视图，轮廓族其实就是绘制一个构件的截面二维轮廓。

　　单击"线"按钮，用绘制直线的方式，单击视图区域中参考平面的交点确定第一个点的位置，然后将鼠标光标向右移动，输入 300，按 Enter 键，鼠标向下移动，输入 150，按 Enter 键，依次完成图 4.12-3 所示高差 450 的三级台阶轮廓的绘制。也可以绘制三级台阶轮廓如图 4.12-4 所示。两者的区别在于图 4.12-3 拾取的位置不同。绘制完成后单击"载入到项目并关闭"，在弹出的"保存"对话框中单击"是"按钮，弹出"另存"对话框，选择保存文件位置并给文件起名为"三级台阶轮廓族"，单击"保存"按钮，完成台阶轮廓族的创建。

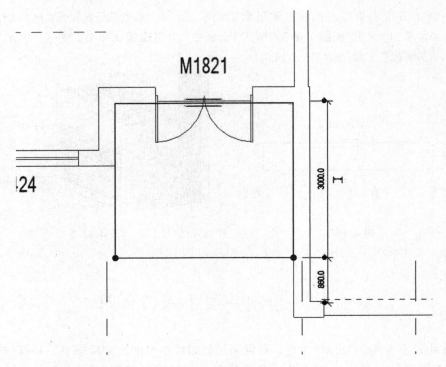

图 4.12-1

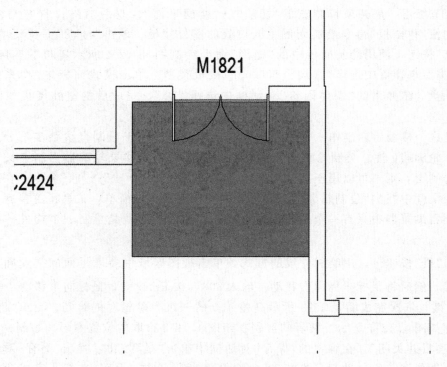

图 4.12-2

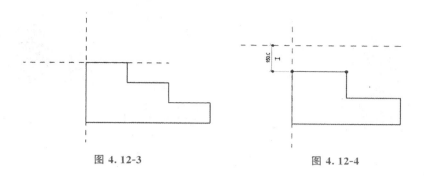

图 4. 12-3　　　　　　　　　　图 4. 12-4

下面添加主入口楼板两侧台阶。打开三维视图，单击"建筑"选项卡"构建"面板"楼板"下拉菜单中的"楼板：楼板边"按钮。单击"属性"面板"编辑类型"按钮，在弹出的"类型属性"对话框中设置轮廓为刚刚保存的三级台阶轮廓，如图 4. 12-5 所示，并设置材质为现场浇筑混凝土，这里的材质在后期根据实际情况再去调整。单击"确定"按钮完成设置。移动光标到楼板一侧需要添加台阶踏步部位的水平上边缘，边线高亮显示时单击鼠标放置楼板边缘。单击高亮显示的楼板上部边缘创建，再将光标移动到楼板另一侧需要添加台阶踏步部位的水平上边缘，单击完成绘制。

图 4. 12-5

Revit 会将其作为一个连续的楼板边。如果楼板边的线段在角部相遇，它们会相互拼接。用楼板边缘命令生成的台阶如图 4. 12-6 所示。

使用图 4. 12-4 所示轮廓族来创建，应该拾取楼板的下边缘来创建踏步，同时这样生成的台阶平台宽度不变，使用图 4. 12-3 所示轮廓创建的台阶平台宽度会增加 300。北侧出口的台阶绘制同主入口楼板两侧台阶，如图 4. 12-7 所示。保存文件。

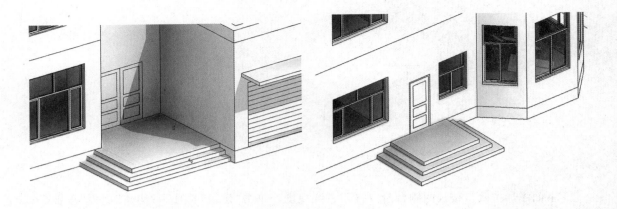

图 4.12-6　　　　　　　　　　　　　　　　　　图 4.12-7

4.13　绘制车库入口坡道

本节完成车库入口处的坡道绘制。首先进入一层平面视图，因为还没有对平面进行尺寸标注，所以，这里可以先用"注释"命令来得到⑤轴和⑦轴的距离，要用这个宽度来创建坡道。

单击"注释"选项卡"尺寸标注"面板中的"对齐"按钮，使用鼠标分别单击⑤轴和⑦轴拉出尺寸线，放置合适位置，在空白处单击。这样就得到了⑤轴和⑦轴之间的距离是 6 300。

单击"建筑"选项卡"楼梯坡道"面板中的"坡道"按钮进入坡道创建，系统默认为绘制梯段模式。首先在"属性"面板中设置实例属性，如图 4.13-1 所示，分别设置底部标高为室外地坪、顶部标高为 1F、宽度为 6 300。单击"属性"面板"编辑类型"按钮设置类型属性，首先单击"复制"按钮并命名为"车库坡道"，确定创建一个新的类型。如图 4.13-2 所示设置相关参数，"造型"为"实体"，"坡道材质"为"现场浇筑混凝土"，坡道最大坡度为 10。

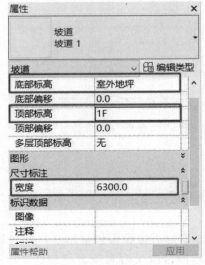

图 4.13-1

图 4.13-2

在车库入口处下方任意位置单击鼠标左键确定坡道起始点，向上方移动鼠标光标，此时坡道的边界线已经随着鼠标光标移动显示出来，在上方垂直位置任一点单击鼠标确定第二点，单击"完成编辑模式"按钮，完成坡道创建，如图 4.13-3 所示。执行"移动"命令捕捉坡道上部边缘中点，将其移动到车库门中点，如图 4.13-4 所示完成坡道定位。

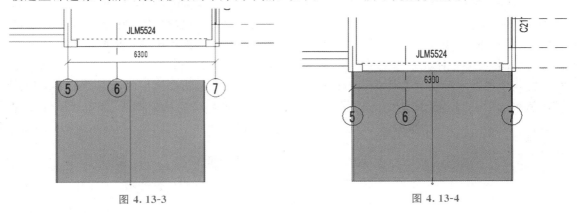

图 4.13-3　　　　　　　　　　　　　　　　图 4.13-4

将视图切换到三维视图，单击坡道上的栏杆，按 Delete 键删除栏杆，完成坡道最终绘制，如图 4.13-5 所示。保存文件。

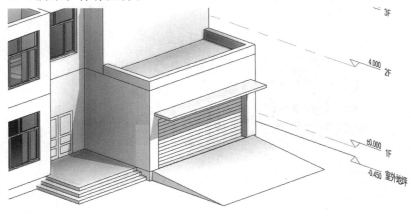

图 4.13-5

4.14　绘制小别墅散水

Revit 中没有专用的"散水"命令，可以采用创建编辑楼板、常规模型、外部构件族、楼板边缘、墙饰条等多种方式创建散水模型。本节讲述用"墙饰条"命令创建台阶的方法。

此命令需要依靠拾取墙的边界进行操作，必须要有墙才可以。与上面章节绘制过的台阶一样，墙饰条也需要一个轮廓族来生成，这里还是先做一个散水的轮廓族。

执行"文件"→"新建"→"族"命令。在打开的系统族样板文件中找到"公制轮廓"打开样板文件。单击"创建"选项卡"详图"面板中的"线"按钮，在楼层平面视图中绘制图 4.14-1 所示轮廓。将其命名为"800 散水"并保存后载入小别墅项目中。

打开三维视图，单击"建筑"选项卡"墙"下拉菜单"墙：饰条"按钮。系统默认为"水平"放置方式 🔲。单击"属性"面板"编辑类型"按钮，弹出"类型属性"对话框，单击"复制"修改名称为"800 散水"，再单击"确定"按钮创建一个新的类型。设置参数：修改轮廓为"800 散水"，修改材质为"现场浇筑混凝土"，单击"确定"按钮完成。将光标移至勒脚部分外墙的下边缘，如图 4.14-2 所示，在视图中对应位置显示散水轮廓，确定轮廓位置正确并单击鼠标，完成该段散水创建。按住 Shift 键＋鼠标滚轮控制三维视图中模型的旋转，调节可视角度，依次选择勒脚部分墙体的下边缘来完成整体的散水，完成后如图 4.14-3 和图 4.14-4 所示。

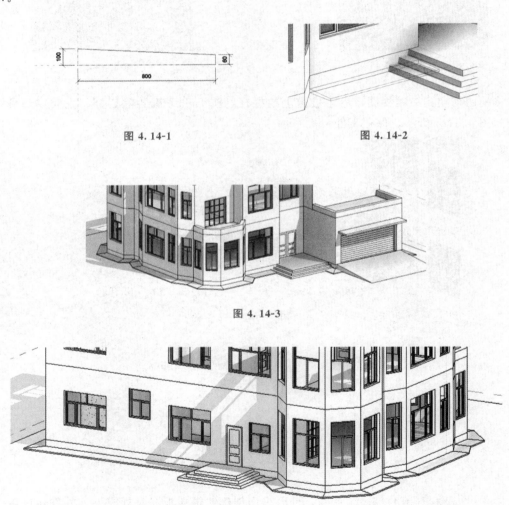

图 4.14-1　　　　　　　　　　　　　　图 4.14-2

图 4.14-3

图 4.14-4

4.15　绘制外阳台栏杆

本节学习绘制二层外阳台部分的护栏。

展开项目浏览器"视图"→"楼层平面"双击"2F"，打开二层平面视图。完成①轴和③轴之间的外阳台护栏的绘制。在工具栏中单击"建筑"选项卡"楼梯坡道"面板"栏杆扶手"下拉菜单中的"绘制路径"按钮，进入栏杆扶手的绘制状态。单击"属性"面板"编辑类型"按钮，在弹出的"类型属性"对话框中对栏杆进行设置。单击"复制"修改名称为"阳台栏杆900 mm"，创建一个新的类型。单击"扶栏结构"后面的"编辑"按钮，弹出"编辑扶手"对话框，这里不需要横向的扶栏，所以把系统默认的 4 根扶栏都删除，选中扶栏后单击"删除"即可。全部删除后单击"确定"按钮返回"类型属性"对话框。单击"栏杆位置"后面的"编辑"按钮，打开"编辑栏杆位置"对话框。这里栏杆的截面形式不做修改，还是使用系统默认的"栏杆-圆形 25 mm"这个截面类型，将"相对前一栏杆的距离"的值改为"110"，其他不做调整保持默认，单击"确定"按钮，返回"类型属性"对话框。顶部扶栏不做调整，单击"确定"按钮完成阳台栏杆的类型创建。使用"绘制"面板中的"拾取线"命令，依次拾取栏杆下面墙体的中心线并修改编辑，如图 4.15-1 所示。单击"完成编辑模式"按钮完成绘制。由于这里设置了 450 高的挡墙，所以将"属性"面板的底部偏移的值改为 450。完成后如图 4.15-2 所示。

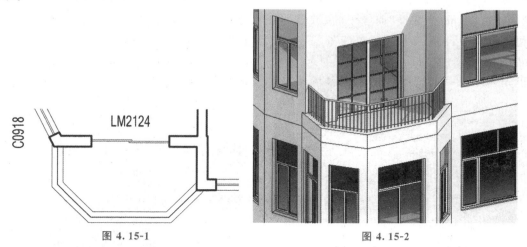

图 4.15-1　　　　　　　　　　　　　图 4.15-2

同样操作完成车库上方阳台护栏的创建。

第 5 章

玻璃幕墙

概述： 幕墙是现代建筑设计中被广泛应用的一种建筑构件，由幕墙网格、竖梃和幕墙嵌板组成，在 Revit 中，根据幕墙创建方式的不同可分为常规幕墙、幕墙系统两大类。一种是常规幕墙，是墙体的一种特殊类型，其绘制方法和常规墙体相同，并具有常规墙体的各种属性，可以像编辑常规墙体一样用"附着""编辑立面轮廓"等命令编辑常规幕墙；另一种是依靠拾取体量的面来生成幕墙系统的方式。

5.1 幕墙的绘制

下面将开始学习绘制小别墅的玻璃幕墙。

展开项目浏览器中"视图"→"楼层平面"双击"2F"，打开二层平面视图。单击"建筑"选项卡"构建"面板"墙"下拉列表中的"墙：建筑"按钮。单击"属性"面板类型选择器向下滑动下拉条，找到幕墙，幕墙又分为幕墙、外部玻璃和店面 3 种。这里来新创建一个类型。单击"幕墙"，再单击"属性"面板中的"编辑类型"按钮，弹出"类型属性"对话框。单击"复制"按钮，重新命名为"二层观景幕墙"，单击"确定"按钮完成新类型的创建。

在"类型属性"对话框中要注意勾选"自动嵌入"，否则绘制的幕墙将会和其他墙体重叠。这里先创建按一个按照规则生成幕墙网格、嵌板和竖梃的幕墙。具体设置如图 5.1-1 和图 5.1-2 所示。

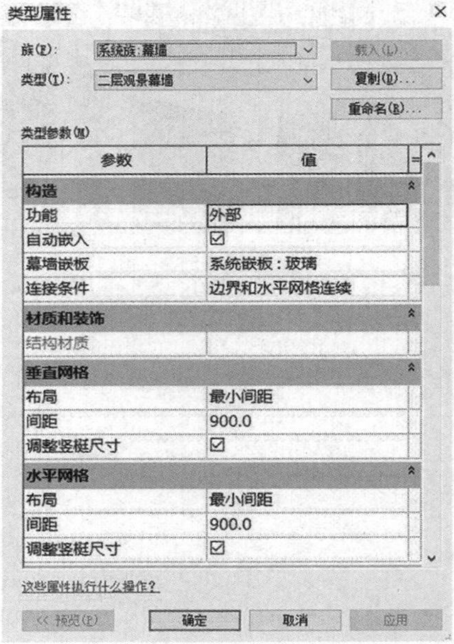

图 5.1-1

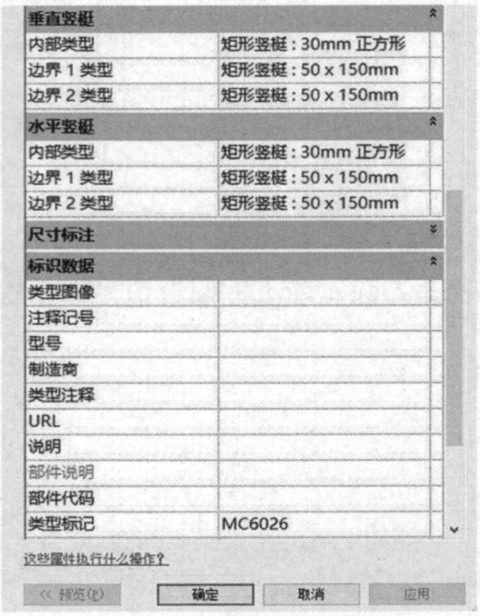

图 5.1-2

在"绘制"面板中选择"直线"工具，在图 5.1-3 所示位置绘制二层观景幕墙。在"属性"面板中栏设置顶部约束为"未连接"，设置无连接高度为 2 600，单击"应用"按钮。切换到三维视图，如图 5.1-4 所示。

很多情况下幕墙网格的划分并不都是按照一定的规则来进行的，可以采用手动绘制网格的方式来完成幕墙的绘制。

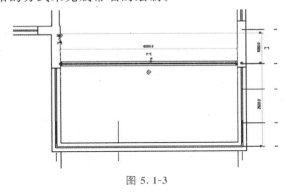

图 5.1-3

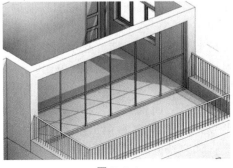

图 5.1-4

单击"属性"面板中的"编辑类型"按钮，弹出"类型属性"对话框。单击"复制"按钮，重新命名为"二层绘制幕墙"，单击"确定"按钮完成新类型的创建。在属性对话框中设置相关参数，如图 5.1-5 和图 5.1-6 所示。

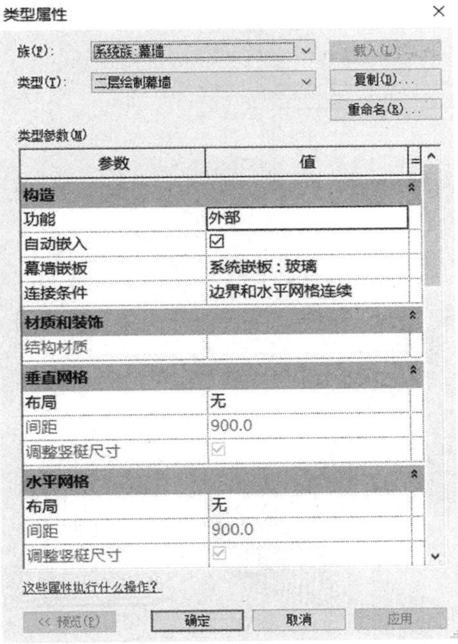

图 5.1-5

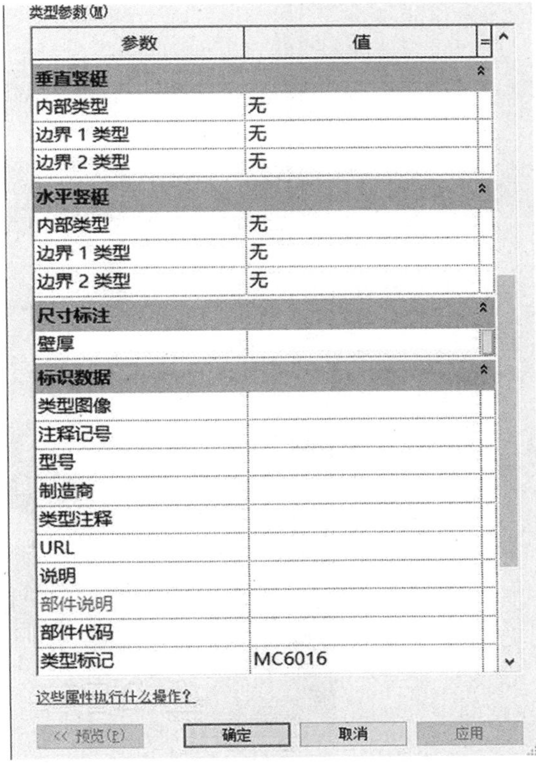

图 5.1-6

切换到二层平面视图中，如图 5.1-7 位置绘制幕墙，在"属性"面板设置顶部约束为"未连接"，设置无连接高度为 2 600，单击"应用"按钮。切换到三维视图中观察所绘制幕墙，如图 5.1-8 所示。

为了方便操作，使用 Ctrl 键＋鼠标左键分别单击这个幕墙和与其相连的墙体、楼板，如图 5.1-9 所示，单击视图工具栏的"临时隐藏/隔离"，选择"隔离图元"，将这几个图元隔离显示。在三维视图中单击视图导航的"前"切换到前视图显示，如图 5.1-10 所示。

单击"建筑"选项卡"构建"面板中的"幕墙网格"按钮，系统默认为"全部分段"，将鼠标光标放置到幕墙边缘即可显示出绘制网格位置的虚线和临时尺寸。单击鼠标左键就可以绘制对应网格，在临时尺寸上单击，可修改网格位置。由左至右依次绘制间距为 1 000、1 800、1 100、1 100、1 000 网格，距幕墙上边缘 400 网格，如图 5.1-11 所示。单击"建筑"选项卡"构建"面板中的"竖梃"按钮，在"属性"面板类型选择器中选择"矩形竖梃：30 mm 正方形"这一类型，鼠标单击刚才绘制的横竖网格，在内部网格上布置竖梃。然后选择"矩形竖梃：50×150 mm"类型，在幕墙边缘单击鼠标，完成幕墙边竖梃的绘制，如图 5.1-12 所示。

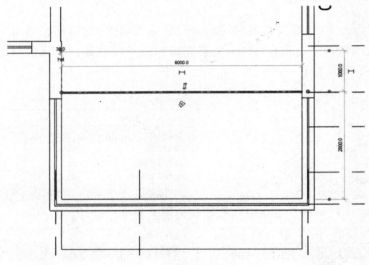

图 5.1-7

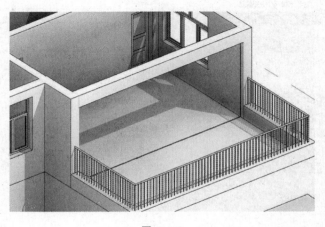

图 5.1-8

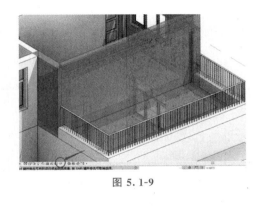

图 5.1-9

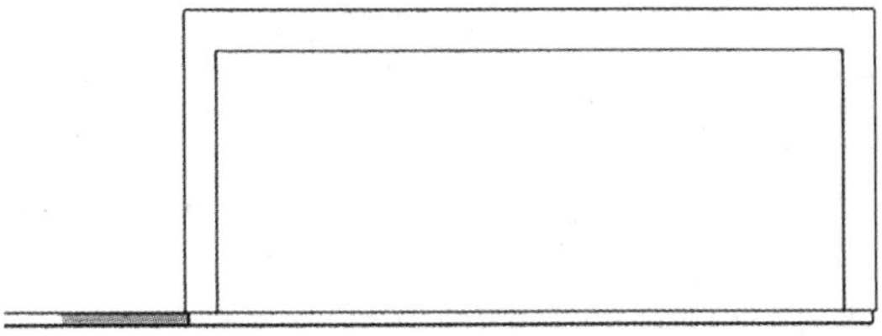

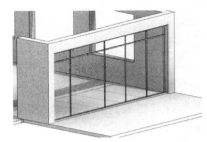

图 5.1-10

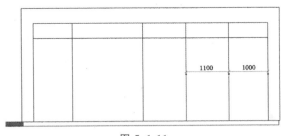

图 5.1-11

图 5.1-12

5.2　幕墙嵌板门窗的布置

幕墙上的门窗在 Revit 中属于幕墙嵌板类型，在绘制前和普通门窗一样需要先载入对应的幕墙门窗嵌板族。

单击"插入"选项卡"从库中载入"面板中的"载入族"按钮，打开"载入族"文件→"建筑"→"幕墙"→"门窗嵌板"→"门嵌板-双扇推拉无框铝门"，单击"打开"按钮将其载入项目中。

在三维视图中，将鼠标光标放置在刚才划分的间距 1 800 的网格边缘，配合键盘 Tab 键选中该嵌板，如图 5.2-1 所示，单击中间的锁定标记，解锁该嵌板。在"属性"面板类型选择器中选中刚才载入的"门嵌板·双扇推拉无框铝门"中的"有横档"这一类型，并设置视图工具栏的显示模式为"精细"，完成后如图 5.2-2 所示。单击视图工具栏的"临时隐藏/隔离"，重设临时隐藏/隔离，显示出所有模型，保存文件。

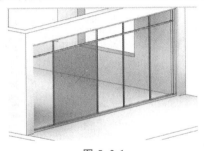

图 5.2-1

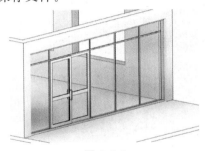

图 5.2-2

第 6 章　屋顶

屋顶是建筑的重要组成部分。在 Revit 中提供了多种建模工具。如迹线屋顶、拉伸屋顶、面屋顶、玻璃斜窗等创建屋顶的常规工具。此外，对于一些特殊造型的屋顶，还可以通过内建模型的工具和体量工具来创建。

6.1　创建入口雨篷拉伸屋顶

本节以首层主入口雨篷为例，详细讲解"拉伸屋顶"命令的使用方法。

展开项目浏览器"视图"→"楼层平面"，双击"2F"，打开二层平面视图。在二层平面视图"属性"面板中设置参数"范围：底部标高"为"1F"，如图 6.1-1 所示。单击"建筑"选项卡"工作平面"面板中的"参照平面"按钮，在图 6.1-2 所示位置绘制参照平面。单击参照平面 3，如图 6.1-3 所示，在临时尺寸标记上单击鼠标左键将临时尺寸转化为永久尺寸，单击中间的 EQ 平分标记，设置参照平面 3 位置为参照平面 2 和参照平面 4 的中心位置，如图 6.1-4 所示。删除尺寸线，单击取消约束即可。

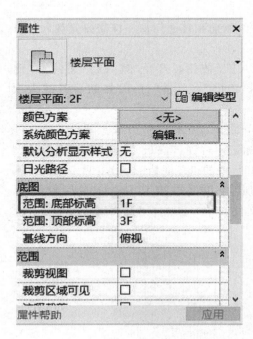

图 6.1-1

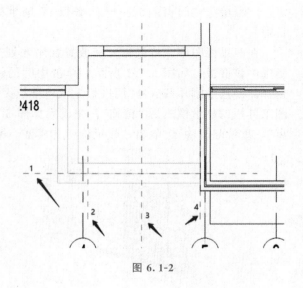

图 6.1-2

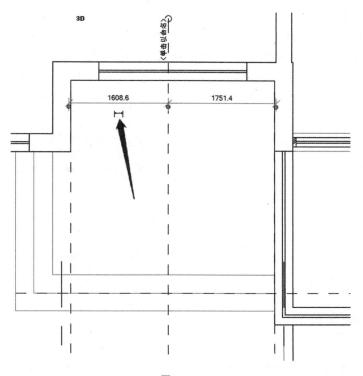

图 6.1-3

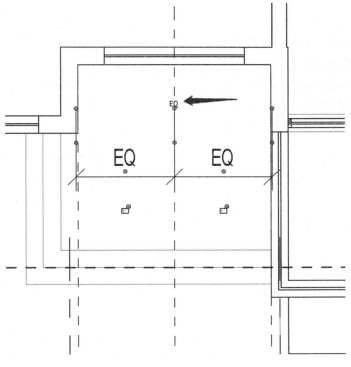

图 6.1-4

单击"建筑"选项卡"构建"面板"屋顶"下拉列表中的"拉伸屋顶"按钮，如图 6.1-5 所示，系统会弹出"工作平面"对话框，提示设置工作平面。

在"工作平面"对话框中选择"拾取一个平面"，单击"确定"按钮，移动视图光标单击拾取刚绘制的参照平面 1，弹出"转到视图"对话框，如图 6.1-6 所示。在视图列表中选择"立面：南"，单击"打开视图"按钮，进入"南立面"视图。在弹出的对话框中设定标高为 2F。

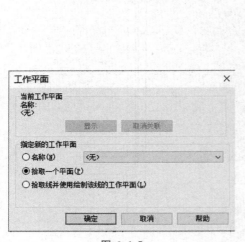

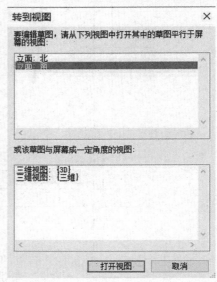

图 6.1-5   图 6.1-6

在南立面视图中可以看到 2、3、4 三个参照平面，这三个参照平面是刚在 2F 视图中绘制的参照平面在南立面的投影，用来创建屋顶时精确定位。在距离 2F 标高线下方 1 200 处再绘制一个参照平面，用来定位屋顶下沿的位置。

单击"绘制"面板"直线"按钮，按图 6.1-7 所示位置绘制拉伸屋顶截面形状线。在"属性"面板类型选择器中选择"基本屋顶－常规 12 mm"。单击"模式"面板中的"完成编辑模式"按钮 ，完成屋顶命令，创建拉伸屋顶，结果如图 6.1-8 所示，保存文件。

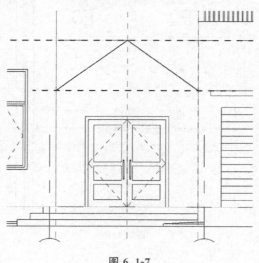

图 6.1-7

图 6.1-8

6.2　修改屋顶

在三维视图中观察上节创建的拉伸屋顶，可以看到屋顶长度过长，延伸到了一层屋内。

如图 6.2-1 所示，在"属性"面板修改"拉伸终点"的值为"－3 570"（图 6.2-2），应用后如图 6.2-3 所示。这个"－3 570"就是在二层平面视图中绘制的参考线①到入口⑩轴外墙的距离。

还可以使用"对齐"命令将这个屋顶的拉伸一端对齐到外墙面，结果和上面的操作是一样的。

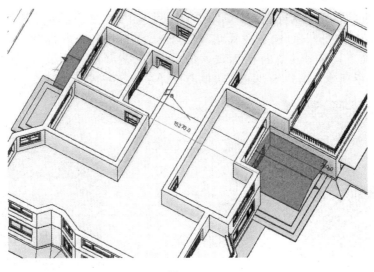

图 6.2-1

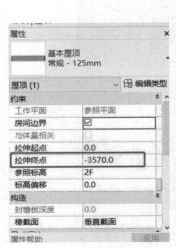

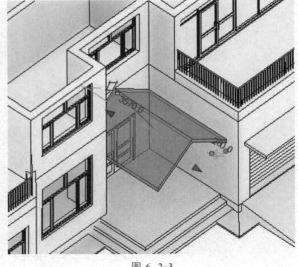

图 6.2-2　　　　　　　　　　　　　　　图 6.2-3

创建屋脊：使用"梁"工具来绘制屋脊。首先插入一个矩形梁族，单击"插入"选项卡"从库中载入"面板中的"载入族"按钮，打开"载入族"对话框，选择"结构"→"框架"→"混凝土"→"混凝土：矩形梁.rfa"，单击"打开"按钮载入这个梁族。

单击"结构"选项卡"结构"面板中的"梁"按钮，在"属性"面板单击"编辑类型"按钮，在弹出的"类型属性"对话框中复制并命名"入口屋脊"，将 b 和 h 值（即梁的截面宽和高的值）都改为 150，单击"确定"按钮完成新类型的创建。勾选选项栏的"三维捕捉"，在三维视图中捕捉屋脊线两个端点创建屋脊。在"属性"面板中设置Z轴偏移值为 95 来调整屋脊高度，并调整Z轴对正为底对齐。完成后如图 6.2-4 所示。

最后来绘制造型封檐板。封檐板的绘制也需要轮廓族，因此先绘制一个封檐板的造型轮廓。执行"文件"→"新建"→"族"命令，在系统族样板文件中找到"公制轮廓.rft"文件，单击"打开"按钮。在楼层平面视图中使用"创建"面板下的"线"命令来绘制图 6.2-5 所示轮廓，单击"载入项目并保存"重新命名为"入口雨篷屋顶封檐板"，单击"确定"按钮。在三维视图中单击"建筑"选项卡"构建"面板"屋顶"下拉列表中的"屋顶：封檐板"，在"属性"面板中单击"编辑类型"按钮，弹出"类型属性"对话框，复制并重新命名为"入口雨篷屋顶封檐板"，在轮廓设置下拉菜单中选择前面载入的"入口雨篷屋顶封檐板"，单击"确定"按钮，将鼠标光标移至屋顶檐口上边缘线处依次单击鼠标左键，完成后如图 6.2-6 所示。

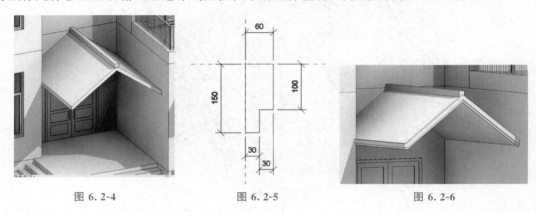

图 6.2-4　　　　　　图 6.2-5　　　　　　图 6.2-6

6.3　二层多坡屋顶

本节使用"迹线屋顶"命令创建小别墅的多坡屋顶。

接上节练习，展开项目浏览器"视图"→"楼层平面"双击"3F"，打开三层平面视图。在视图中只有一些参照平面和轴线，没有楼层平面内容，这里单击选中任意一个参照平面，单击鼠标右键，选择"在视图中隐藏"→"类别"，将所有参照平面隐藏起来。

在"属性"面板中选择"底图"，将"范围：底部标高"设置为 2F，单击应用。这时视图中可以看到二层平面的墙体轮廓。

单击"建筑"选项卡"构建"面板"屋顶"下拉菜单中"迹线屋顶"按钮，进入绘制屋顶轮廓迹线草图模式，在"绘制"面板选择"拾取墙"命令，在选项栏中勾选"坡度"，设置悬挑值为800，如图 6.3-1 所示，绘制屋顶轮廓迹线，轮廓线沿相应轴网往外偏移 800 mm。

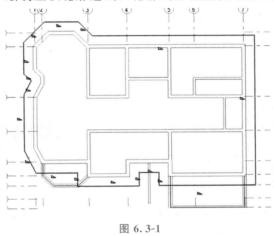

图 6.3-1

这里要注意的是，轮廓线是不能有相交的，在拾取过程中会出现相交线和不连续的线，这种情况必须对轮廓进行修剪，使整体轮廓线是首尾相交的闭合轮廓。在"属性"面板类型选择器中选择其屋顶类型为"基本屋顶-保温屋顶：混凝土"，单击"完成编辑模式"按钮完成多坡屋顶创建。这里会弹出墙体是否附着该屋顶的对话框，选择"是"，这样外墙顶部就会附着于屋顶。完成后如图 6.3-2 所示。

修改屋顶坡度：在屋顶"属性"面板中设置"坡度"参数为 35°，单击"确定"按钮后所有屋顶迹线的坡度值自动调整为 35°。对于坡度的修改也可以单击屋顶，在"修改"面板中单击"编辑迹线"，然后可以单击任意一段轮廓线在属性栏中修改其坡度。

单击完成的屋顶，展开项目浏览器"视图"→"立面建筑立面"，双击"南"进入南立面视图中，如图 6.3-3 所示。在"修改"面板中选择"对齐"工具，配合 Tab 键将标高线 3G 对齐到图 6.3-4 所示的位置。

选中屋顶，在"属性"面板中修改"截断标高"为"3G"，修改截断偏移为"－380"，单击"应用"按钮完成修改，修改后的屋顶在标高线"3G"位置被截断。这里的截断偏移为"－380"，是因为屋面板在形成坡面后被截断，在截断位置的截面厚度是和板在水平放置被截

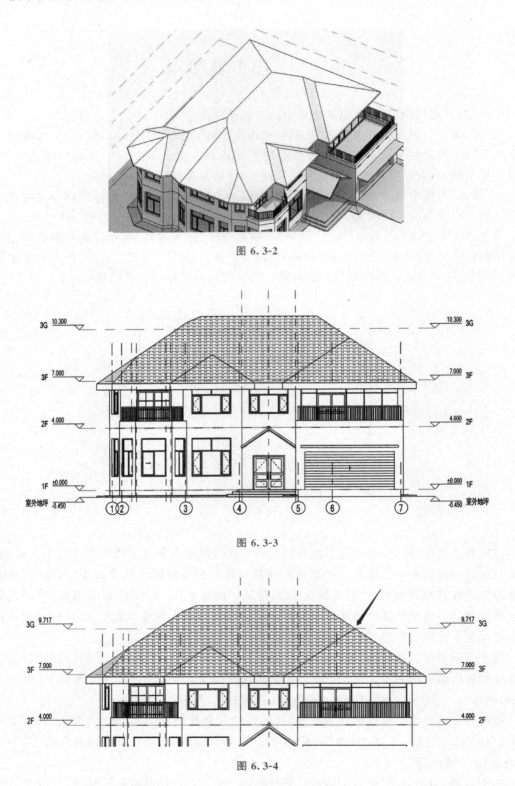

图 6.3-2

图 6.3-3

图 6.3-4

断的厚度是不一样的，这个具体截断面厚度可以用注释工具测量出来。但这里不要将这个
值设置成与测量厚度值相等的值，只要精确到厘米单位即可。完成后如图 6.3-5 所示。

图 6.3-5

6.4 创建部分平屋顶

展开项目浏览器"视图"→"楼层平面",双击 3G,进入屋顶平面视图。单击"建筑"选项卡"构建"面板"屋顶"下拉列表中的"迹线屋顶",确认选项栏中的"坡度"没有勾选,悬挑设置为 0。绘制方式使用"拾取线",如图 6.4-1 所示,拾取截断位置轮廓线。在"属性"面板类型选择器中选择类型为"基本屋顶-保温屋顶:混凝土",单击"编辑类型"按钮,在弹出的"类型属性"对话框中单击对话框中的"复制"按钮,复制新建一个类型命名为"平屋顶",将其结构中的面层材质"瓦"改为"水泥砂浆"。设置"目标高的底部偏移"为"-150",完成后如图 6.4-2 所示。

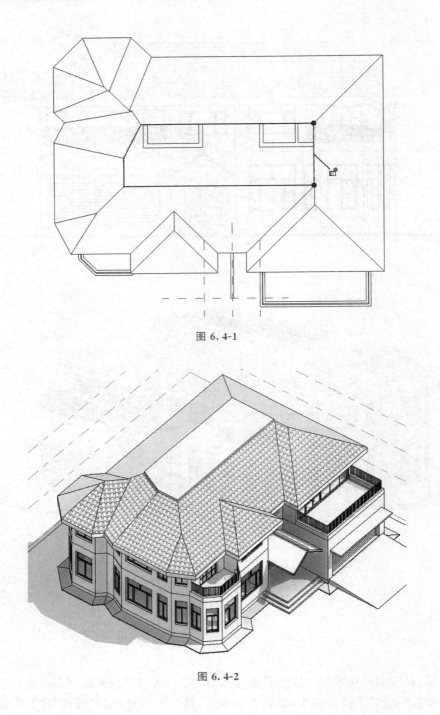

图 6.4-1

图 6.4-2

6.5　创建老虎窗

老虎窗又称为老虎天窗，是一种开在屋顶上的天窗，用作房屋顶部的采光和通风。老虎窗主要由顶板、正立面墙、两侧墙及窗体等构件组成。

　　展开项目浏览器"视图"→"楼层平面"，双击 3G，进入屋顶平面视图。老虎窗的屋顶可以用"拉伸屋顶"也可以用"迹线屋顶"，这里用"迹线屋顶"的方式创建老虎窗屋顶，为了图示显示清晰，将屋面瓦的纹理显示设置为无。如图 6.5-1 所示，在⑤轴和⑦轴之间的屋面脊线位置创建一个参照平面，使用"迹线屋顶"命令，选择"拾取线"，设置偏移量为 800，勾选"定义坡度"。

　　分别单击参照平面两次，得到左右两条迹线，如图 6.5-2 所示，再次选择"拾取线"，拾取二层这个位置的幕墙边线，设置偏移量为 100，取消勾选"定义坡度"。再任意绘制最后一条迹线，取消勾选"定义坡度"。使用修剪工具完成迹线修剪，如图 6.5-3 所示。单击"完成编辑模式"按钮完成老虎窗屋顶创建。切换到东立面视图，单击刚创建的老虎窗，在"属性"面板中设置实例属性"自标高的底部偏移"为"-1 800"。切换到透视图，如图 6.5-4 所示，完成创建老虎窗屋顶。

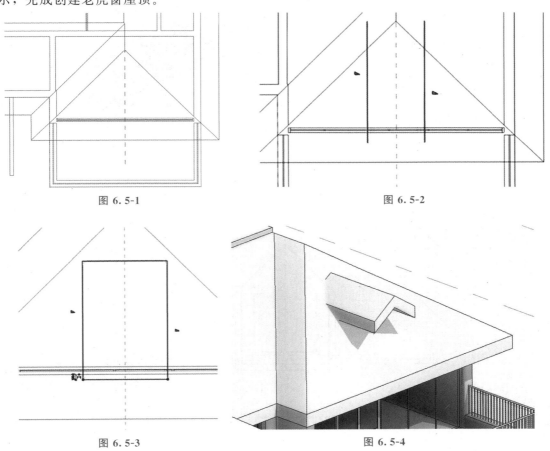

图 6.5-1　　　　　　　　　　　　　　　　　图 6.5-2

图 6.5-3　　　　　　　　　　　　　　　　　图 6.5-4

　　进入三维视图，单击"修改"面板中的"连接/取消连接屋顶"按钮 　，先单击老虎窗与主体坡屋顶相连一侧，再单击主体屋顶要与老虎窗相连的屋面，将老虎窗屋顶与建筑屋顶连接，如图 6.5-5 所示。

　　再次回到屋顶平面图，这时在"3G"视图中老虎窗不可见，在"属性"面板设置"视图范围"，打开"视图范围"对话框，设置视图深度为 3F，单击"确定"按钮。这时老虎窗在屋顶视图中即可见。使用"绘制"面板中的"拾取线"工具，设置偏移量为 200，在"属性"面板类型

选择器中选择墙体类型为"常规－200 mm"，底部约束为"3F"，分别拾取 3 条迹线来创建老
虎窗墙体，如图 6.5-6 所示。

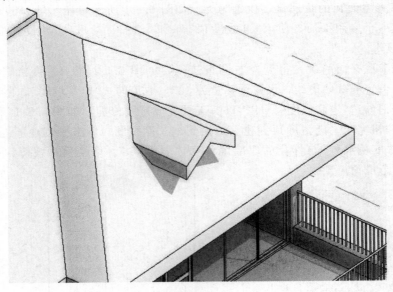

图 6.5-5

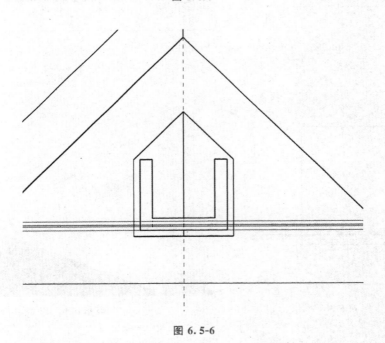

图 6.5-6

下面对老虎窗的墙体进行修改，切换到三维视图中，单击选中任意一段老虎窗的墙体，单击
"附着顶部/底部"按钮 ，在选项栏勾选"底部" 修改 | 墙 附着墙：○顶部 ◉底部 ，然后单击老虎窗下
面的屋面，完成墙体底部位置的修改，依次对剩下两部分墙体进行同样操作。再次使用"附
着顶部/底部"工具，在选项栏勾选"顶部"，单击老虎窗的屋顶完成墙体顶部位置修改，完
成后如图 6.5-7 所示。

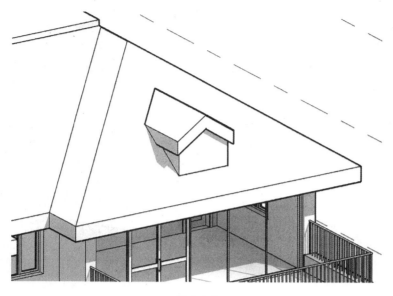

图 6.5-7

接下来添加窗体，老虎窗的窗体添加同上面章节所讲的一致，首先插入一个中悬窗的族，单击"建筑"选项卡"构建"面板中的"窗"按钮，选择中悬窗，创建一个 600×600 的新族类型，在老虎窗的正面墙上插入即可。完成后如图 6.5-8 所示。

图 6.5-8

最后利用老虎窗洞口命令，剪切建筑屋顶完成最后的绘制。单击"建筑"选项卡"洞口"面板中的"老虎窗"按钮 🖊，单击主体建筑的屋顶，然后单击老虎窗与主体屋顶相连接部分的墙体和屋顶的边缘，使用修剪工具将边缘轮廓首尾相接，如图 6.5-9 所示。单击"完成编辑模式"按钮完成最后的绘制，如图 6.5-10 所示。

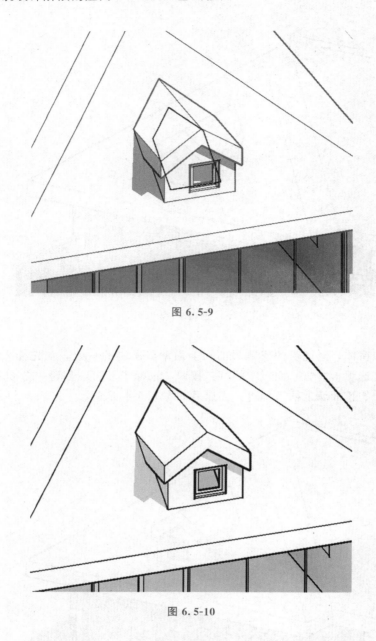

图 6.5-9

图 6.5-10

【注意】在使用老虎窗命令时，要选中老虎窗墙体的内边线而不是外边线。

6.6　将二层墙体附着到屋顶

现在把前面绘制好的二层墙体也附着到屋顶，切换到三维视图中，将鼠标光标移动到任意外墙上，在其高亮显示的时候按下 Tab 键将二层全部外墙墙体选中，如果有个别外墙没有选中就配合 Ctrl 键加选进来。注意：这里要用 Shift 键＋左键单击，将外阳台处的挡墙减选，因为这部分挡墙是不用附着的，如图 6.6-1 所示。单击"附着顶部/底部"按钮，默认顶部附着，单击主体坡屋顶，这里会有系统的警告，如图 6.6-2 所示，因为车库上面的二楼幕墙所在的墙体已经被幕墙整体替代了，这面墙体在项目中是存在的，它已经不能去附着屋顶了，所以这里直接单击"取消连接图元"按钮即可。这样就完成了外墙与屋顶的附着。

图 6.6-1

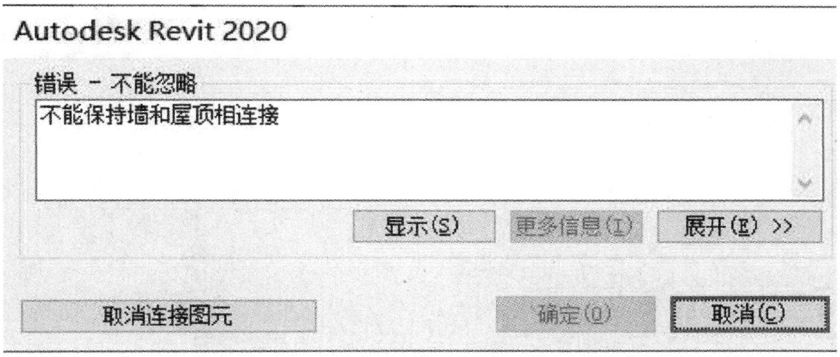

图 6.6-2

接下来完成内墙同屋顶的附着。切换到二层平面视图，将除位于Ｆ轴上在③～④轴之间的内墙以外的全部内墙选中，如图 6.6-3 所示。切换到三维视图，单击"附着顶部/底部"按钮，默认顶部附着，单击主体坡屋顶完成这部分内墙与坡屋顶的附着。单击位于Ｆ轴上在③～④轴之间的内墙，切换到三维视图，单击"附着顶部/底部"按钮，默认顶部附着，单击顶部平屋顶完成这部分内墙与平屋顶的附着。在三维视图中激活"属性"面板剖面框，如图 6.6-4 所示，在视口拖动剖面框控制箭头得到图 6.6-5 所示的剖视图，观察墙体与屋顶的附着效果。

从图 6.6-5 中箭头所指位置看到有些内墙与屋顶的附着并不完整，因为这面墙体有一部分应该与坡屋顶附着，另一部分应该与平屋顶部分附着。要对这部分墙体进一步调整来满足实际要求。单击"修改"面板中的"拆分图元"按钮 ，此时鼠标光标变成刻刀状。移动鼠标光标到图 6.6-6 所示所在位置，单击鼠标左键，弹出图 6.6-7 所示的警告对话框，单击"分离目标"按钮，这时这面墙体会在高低变化处分开。按下 Esc 键，光标退出刻刀状态，

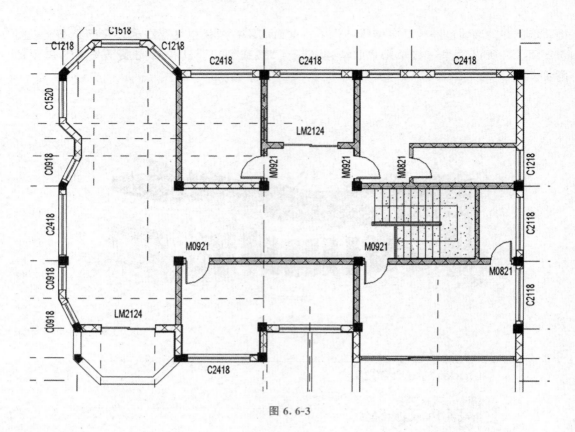

图 6.6-3

图 6.6-4

单击没有附着屋顶那部分墙体，单击"附着顶部/底部"按钮，默认顶部附着，单击顶部平屋顶完成这部分内墙与平屋顶的附着，如图 6.6-8 所示。相同操作完成其余墙体的调整。最终如图 6.6-9 所示。

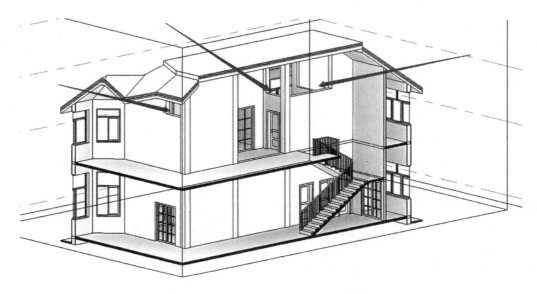

图 6.6-5

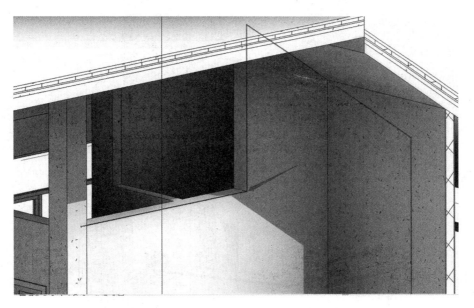

图 6.6-6

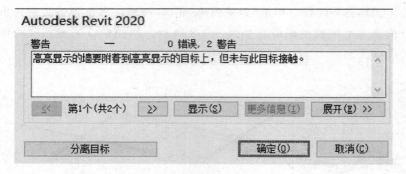

图 6.6-7

图 6.6-8

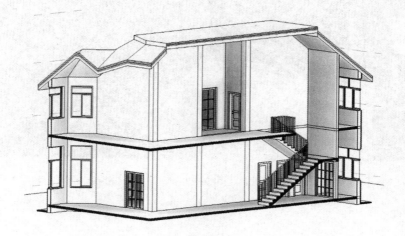

图 6.6-9

6.7　创建坡屋面的装饰檐口线

　　绘制坡屋面造型封檐板。封檐板的绘制也需要轮廓族，因此先绘制一个封檐板的造型轮廓。执行"文件"→"新建"→"族"命令，在弹出的"新建—选择样板文件"对话框中找到"公制轮廓.rft"文件，单击"打开"按钮。在楼层平面视图中使用"创建"选项卡"详图"面板中的"线"命令来绘制图 6.7-1 所示的轮廓，绘制完成后单击"载入到项目并关闭"按钮，依据系统的提示将创建的该文件命名为"坡屋面装饰封檐板"，单击"确定"按钮完成创建。

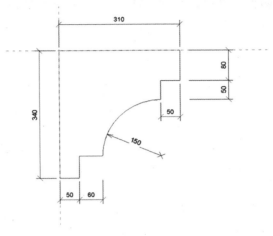

图 6.7-1

　　在三维视图"建筑"选项卡"构建"面板"屋顶"下拉列表中选择"屋顶：封檐板"，在"属性"面板中单击"编辑类型"按钮，打开"类型属性"对话框，复制并重新命名为"坡屋面装饰封檐板"，在轮廓设置下拉列表中选择前面载入的"坡屋面装饰封檐板"。单击材质后面的"按类别"按钮，打开"材质浏览器"对话框，单击"创建并复制材质"→"新建材质"按扭，创建一个新的材质为"坡屋面装饰封檐板"，单击"打开/关闭资源浏览器"，弹出"资源浏览器"对话框，在外观库中选择"墙漆"→"粗面"中的白色墙漆，单击后面双向箭头按钮将白色墙漆指定给新建坡屋面装饰封檐板的外观，如图 6.7-2 所示。单击"确定"按钮完成坡屋面装饰封檐板的创建。将鼠标光标移至屋顶檐口上边缘线处依次单击鼠标，完成后如图 6.7-3 所示。

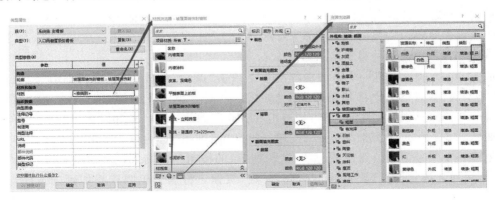

图 6.7-2

图 6.7-3

6.8 创建墙面装饰线条

墙面装饰线条的绘制方法和檐口构件部分的绘制方法相似，所以把墙饰条的绘制放到本节来讲解。下面先把小别墅项目中的墙面装饰线条绘制完成。

墙饰条的绘制方法有两种：

方法一：单独为某个墙添加墙饰条

这里使用"墙：饰条" 墙:饰条 命令来绘制墙面装饰线角。墙饰条的绘制也需要轮廓族，因此应先绘制一个墙饰条造型轮廓。执行"文件"→"新建"→"族"命令，在"新建—选择族样板文件"对话框中找到"公制轮廓 . rft"文件，单击 "打开"按钮。在楼层平面视图中使用"创建"选项卡"详图"面板中的"线"命令来绘制所需的装饰线角的轮廓，这里不再绘制新的轮廓，而是使用前面章节中创建的"坡屋面装饰封檐板"轮廓族。

在三维视图"建筑"选项卡"构建"面板下拉列表中选择"墙""墙：饰条"，在"属性"面板中单击 "编辑类型"按钮，打开"类型属性"对话框，复制并重新命名为"墙面装饰线角"，在轮廓设置下拉列表中选择前面载入的"坡屋面装饰封檐板"。单击材质后面的"按类别"按钮，打开"材质浏览器"对话框，找到前面创建的"坡屋面装饰封檐板"这个材质，单击选中该材质，然后单击鼠标右键复制创建一个相同的材质，将其重命名为"墙面装饰线角"，如图 6.8-1 所示。

单击 "确定"按钮，完成墙面装饰线角的创建。将鼠标光标移至一、二层墙体相交线边缘处依次单击鼠标，完成后如图 6.8-2 所示。

方法二：单独为某种类型墙添加墙饰条

如图 6.8-3 所示创建一个新的墙体类型。单击"属性"面板中的"编辑类型"按钮，在弹出的"类型属性"对话框中将其视图类型修改为"剖面"（单击下方的"预览"按钮，即可打开"预览框"并修改其视图类型）。单击构造中"结构"后面的"编辑"按钮，弹出"编辑部件"对话框，如图 6.8-4 所示，单击"墙饰条"按钮，打开"墙饰条"对话框，单击"添加"按钮，系统自动创建一个序号为 1 的墙饰条，单击"轮廓"后的按钮，在其下拉菜单中选择前面章节创建的"坡屋面装饰封檐板"轮廓族。单击"确定"按钮，将这个轮廓族添加到现在的墙体上，如图 6.8-5 所示。这是默认添加位置，再次单击"墙饰条"按钮，回到"墙饰条"对话框中，如图 6.8-6 所示，设置材质为前面章节创建的"墙面装饰线角"，距离设置为距离墙体下缘 2 600 高度的位置，单击"确定"按钮完成设置，如图 6.8-7 所示。

图 6.8-1

图 6.8-2

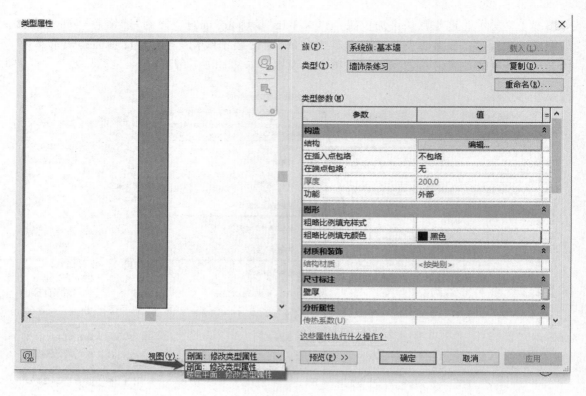

图 6.8-3

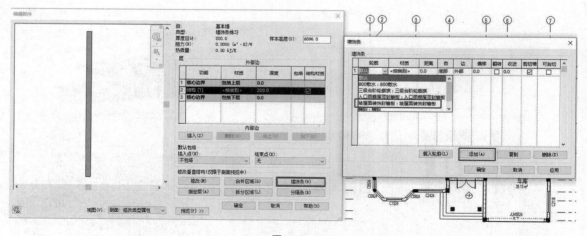

图 6.8-4

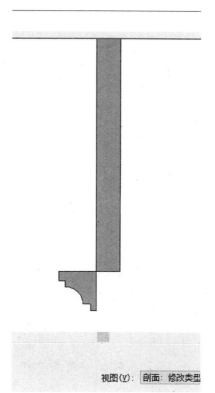

视图(Y)：剖面：修改类型

图 6.8-5

墙饰条　　　　　　　　　　　　　　　　　　　　　　　　　　　　　　　　×

墙饰条

	轮廓	材质	距离	自	边	偏移	翻转	收进	剪切墙	可剖切
1	坡屋面装饰封	墙面装饰线	2600	底部	外部	0.0	☐	0.0	☑	☑

载入轮廓(L)　　　　添加(A)　　　　复制　　　　删除(D)

确定　　　取消　　　应用

图 6.8-6

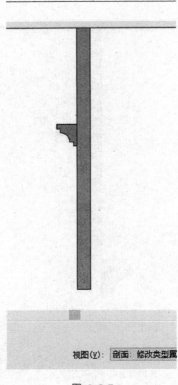

图 6.8-7

使用这个类型的墙体在视图中绘制墙体，如图 6.8-8 所示。同样，也可以使用这种方法直接创建带装饰线角的墙体。

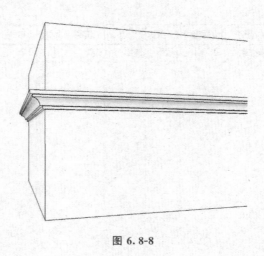

图 6.8-8

第 7 章

楼梯和扶手

本章采用功能命令和案例讲解相结合的方式，详细介绍了楼梯、扶手的创建和编辑的方法。并对项目应用中可能遇到的各类问题进行了细致讲解。

7.1 创建小别墅首层楼梯

展开项目浏览器"视图"→"楼层平面"，双击"1F"，打开一层平面视图。首先标注一下楼梯间的净宽度为 2 750，方便设置楼梯的梯段宽度。

单击"建筑"选项卡"楼梯坡道"面板中的"楼梯"按钮，进入楼梯绘制模式。在"属性"面板类型选择器中选择"现场浇注楼梯-整体浇筑楼梯"，修改选项栏中的"实际梯段宽度"为 1 350；在"属性"面板的实例属性中设置楼梯的"底部标高"为 1F，"顶部标高"为 2F，"所需踢面数"为 24、"实际踏板深度"为 280，单击"应用"按钮，如图 7.1-1 所示。

在"修改｜创建楼梯"上下文功能区选项卡"构件"面板中单击"梯段"按钮，选择"直梯"绘图模式，在楼梯间位置单击一点作为第一跑起点，水平向右移动鼠标，直到显示"创建了 12 个踢面，剩余 12 个"时，单击鼠标捕捉该点作为第一跑终点，创建第一跑楼梯草图；垂直向上移动鼠标，单击鼠标作为第二跑起点，水平向左移动鼠标，直到灰色楼梯全部显示出来，单击鼠标完成草图绘制，如图 7.1-2 所示。

图 7.1-1

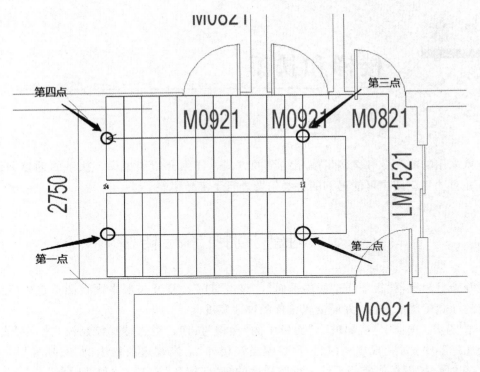

图 7.1-2

选中整个楼梯草图，使用"移动"命令将这个楼梯草图与图 7.1-3 所示的点对齐。选中第二跑楼梯草图，使用"移动"命令将其与楼梯间墙体对齐，如图 7.1-4 所示。

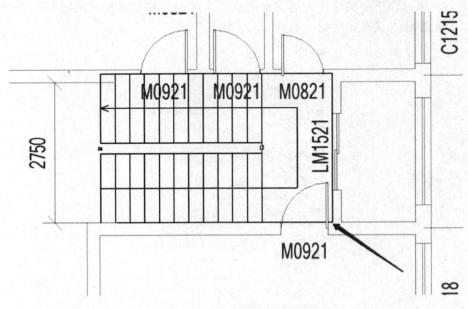

图 7.1-3

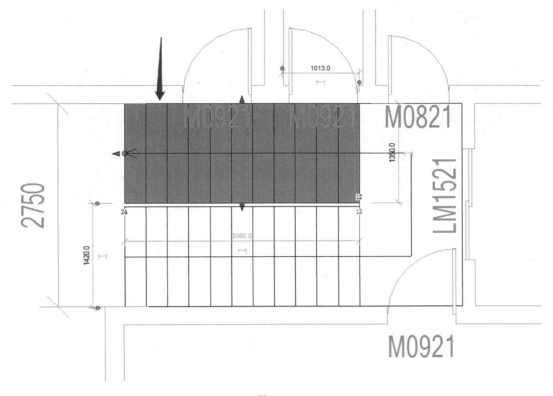

图 7.1-4

单击"模式"面板中的"完成编辑模式"按钮完成编辑。忽视系统对于栏杆不连续的警告，单击选中楼梯靠墙一侧的栏杆，按 Delete 键删除这段栏杆。

在视图区关闭其他视图，只打开"1F"和"三维"视图，单击"视图"选项卡"窗口"面板中的"平铺视图"按钮，将这两个视口平铺。单击三维视图，激活为当前视图，在"属性"面板勾选实例属性中的"剖面框"，在三维视图中单击出现的剖面框，单击"1F"视图激活为当前视图，在"1F"视图中调节剖面框控制箭头，改变四边大小位置如图 7.1-5 所示，单击三维视图，激活为当前视图，在三维视图中拖动剖面框控制点将其按如图 7.1-6 所示进行调整。

这里还要对楼梯进行编辑和修改，以满足设计和使用上的要求。在三维视图中单击楼梯，单击"属性"面板中的"编辑类型"按钮，弹出"类型属性"对话框，单击"复制"按钮，复制一个新的类型，并命名为"别墅首层楼梯"。单击"构造"→"梯段类型"→"150 mm 结构深度"后的"浏览"按钮，切换至梯段的"类型属性"对话框，复制一个新的类型命名为"100 mm 结构深度"，设置构造中的结构深度为 100，设置整体式材质为"现场浇筑混凝土"，单击"确定"按钮返回楼梯的"类型属性"对话框。单击"构造"→"平台类型"后"值"列中的"浏览"按钮，切换至平台的"类型属性"对话框，复制一个新的类型命名为"100 mm 厚度"，设置构造中的整体厚度为 100，设置整体式材质为"现场浇筑混凝土"，单击"确定"按钮返回楼梯的"类型属性"对话框，再次单击"确定"按钮，完成设置，如图 7.1-7 所示。此时楼梯与下部的门发生了冲突，要修改楼梯的平台高度来满足开门的需要。单击楼梯，在"修改｜楼梯"上下文功能区选项卡"编辑"面板中单击"编辑楼梯"按钮，进入楼梯草图编辑模式，单击楼梯第一梯段，拖动控制点，如图 7.1-8 所示。单击"完成编辑模式"按钮，完成楼梯修改。

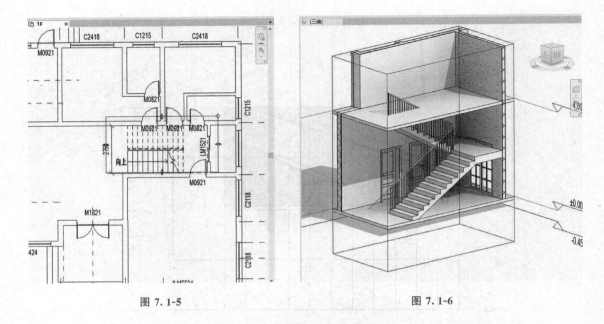

图 7.1-5   图 7.1-6

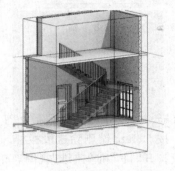

图 7.1-7

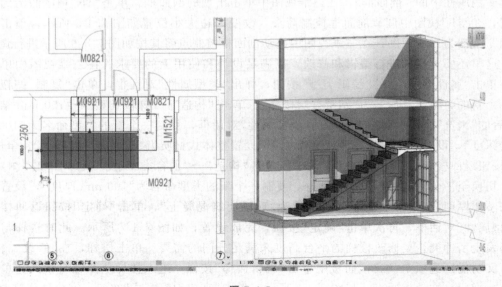

图 7.1-8

这里把二层楼板在楼梯间的位置开出洞口来。单击二层楼板，单击"模式"面板中的"编辑边界"按钮，这时楼板进入编辑状态，关闭三维视图，将 2F 平面视图放大，在楼梯间位置按照楼梯轮廓绘制出洞口边界，如图 7.1-9 所示，单击"完成编辑模式"按钮完成编辑，在弹出的对话框中选择"否"，如图 7.1-10 所示。

接下来将楼梯栏杆绘制完成，切换到 2F 平面视图，双击 V 键，打开可见性控制对话框，将屋顶前面的勾选取消，关闭其显示性。单击"建筑"选项卡"楼梯坡度"面板中的"栏杆扶手"按钮，绘制路径，如图 7.1-11 所示，单击"完成编辑模式"按钮完成创建。切换至三维视图，调整剖面框如图 7.1-12 所示。

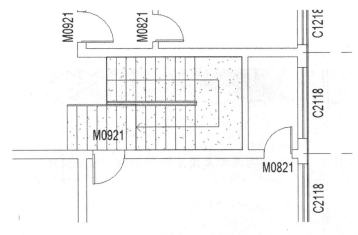

图 7.1-9

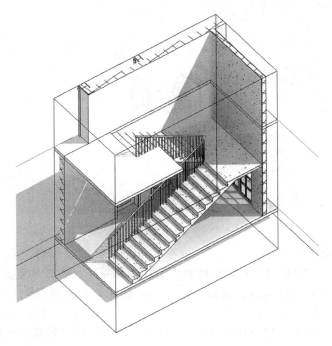

图 7.1-10

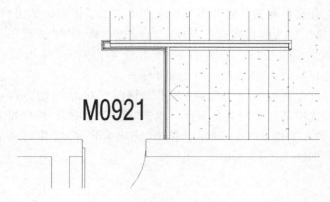

图 7.1-11

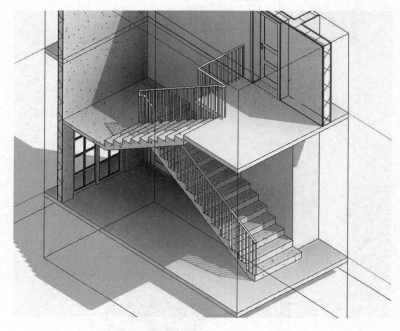

图 7.1-12

7.2 创建螺旋楼梯

本节介绍绘制螺旋楼梯。Revit 2020 版本准备了两种螺旋楼梯的创建方式，为了便于学习，在 1F、2F、3F 的相同位置创建楼板。下面使用第一种方式来创建螺旋楼梯。

单击"建筑"选项卡"楼梯坡道"面板中的"楼梯"按钮，进入楼梯创建模式。系统设置了六种梯段创建方式，依次为直梯、全踏步螺旋楼梯、圆心-端点螺旋楼梯、L 形转角楼梯、U 形转角楼梯和用草图方式创建楼梯(图 7.2-1)。上一节使用了直梯方式创建双楼梯，下面使用全踏步螺旋楼梯来创建。

图 7.2-1

　　切换到一层平面视图，单击"建筑"选项卡"楼梯坡道"面板中的"楼梯"按钮，在"修改│创建楼梯"上下文功能区选项卡"构件"面板中选择"全踏步螺旋"楼梯，在"属性"面板类型选择器中选择"现场浇注楼梯-整体浇筑楼梯"，在实例属性栏中设置"底部标高"为 1F，"顶部标高"为 2F，"所需踢面数"为 26，"实际踏板深度"为默认的 300。单击"编辑类型"按钮，在弹出的"类型属性"对话框中单击"复制"按钮，复制命名为"楼梯练习"，梯段类型和平台类型设置同上节的别墅楼梯，这里不再详述，单击"确定"按钮。如图 7.2-2 所示，在楼板边缘处单击第一点，移动鼠标光标在第二点单击，随着鼠标光标的移动就可以直观地看到楼梯的生成情况。这里可以实现根据设计的情况来用参照平面辅助定位第一点和第二点。单击"完成编辑模式"按钮完成创建，如图 7.2-3 所示。

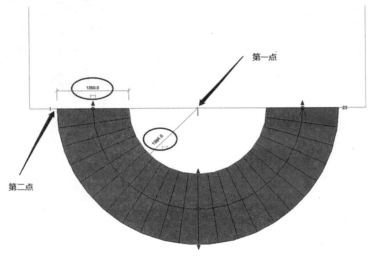

图 7.2-2

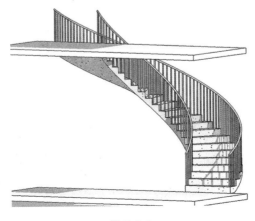

图 7.2-3

参照上面的方法再次创建一个如图 7.2-4 所示的全踏步螺旋楼梯，绘制一个不规则的平台。在完成图 7.2-4 楼梯绘制后，单击"修改｜创建楼梯"上下文功能区选项卡→"构件"面板"→平台 ◯平台 "→"创建草图 ✎ "→"线"按钮 ◿ ，绘制图 7.2-5 所示的平台轮廓。

【注意】这个轮廓要修剪为闭合的。

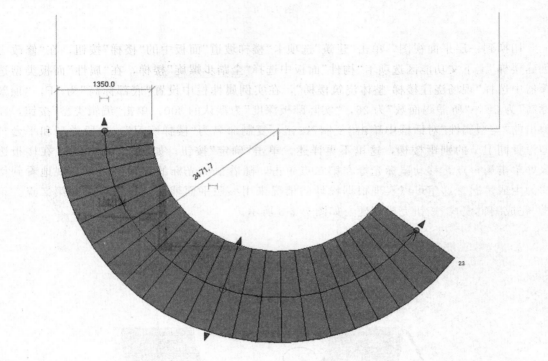

图 7.2-4

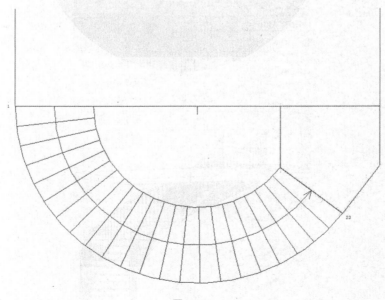

图 7.2-5

单击"完成编辑模式"按钮，完成这个楼梯的创建，如图 7.2-6 所示。此时楼梯栏杆的形式是错误的，单击选中楼梯栏杆，单击"编辑路径"按钮，切换到平面视图，按照图 7.2-7 所示将一侧的栏杆路径删除。单击"完成编辑模式"按钮完成绘制，如图 7.2-8 所示。

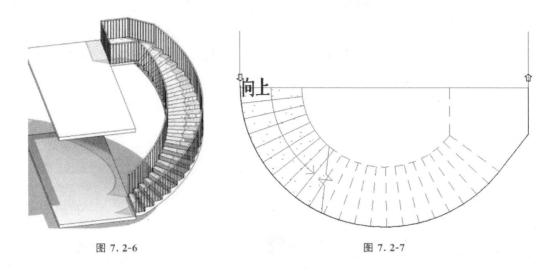

图 7.2-6　　　　　　　　　　　　　　　　　　　　图 7.2-7

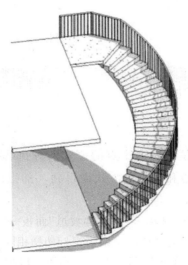

图 7.2-8

切换到平面视图，单击"建筑"选项卡→"楼梯坡道"面板→"栏杆扶手"→"绘制路径"→"拾取线"按钮 ，拾取图 7.2-9 所示楼梯一侧的轮廓线。在"属性"面板中选择和上面楼梯相同的栏杆类型。单击"完成编辑模式"按钮完成创建，如图 7.2-10 所示。此时这段栏杆的位置不正确，单击这段栏杆，选择"拾取主体"命令，鼠标光标移至楼梯梯段上，当楼梯梯段高亮显示时单击梯段完成栏杆位置调整，如图 7.2-11 所示。

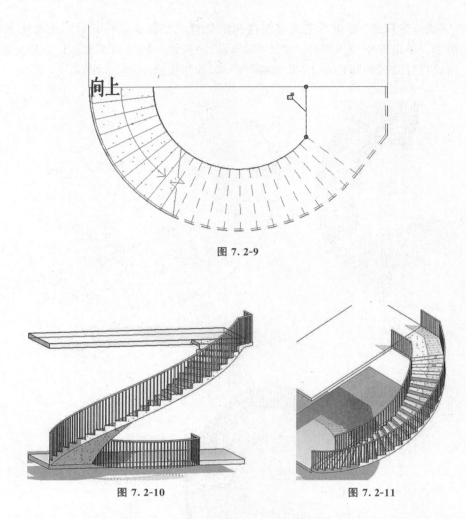

图 7.2-9

图 7.2-10   图 7.2-11

这种创建方式生成的螺旋楼梯是通过两个点的位置来得到最终造型的，而"圆心-端点螺旋楼梯" 🔍 可以多次通过单击圆心和端点的方式来得到一部螺旋楼梯，这部楼梯可以生成中间休息平台。

切换到一层平面视图，单击"建筑"选项卡→"楼梯坡道"面板→"楼梯"→"圆心－端点螺旋楼梯"按钮，属性和实例参数的设置与前文中的全踏步螺旋楼梯相同。如图 7.2-12 所示绘制三点，得到第一段梯段；如图 7.2-13 所示再绘制三点，得到第二段梯段；如图 7.2-14 所示绘制三点，得到第三段梯段。单击"完成编辑模式"按钮，完成整部楼梯的创建，如图 7.2-15 所示。

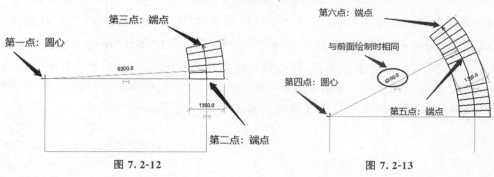

图 7.2-12   图 7.2-13

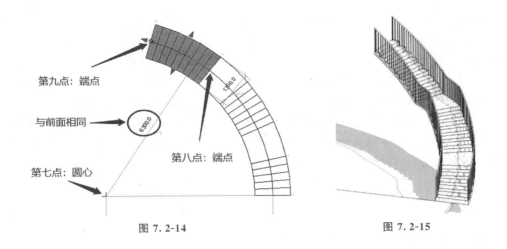

图 7.2-14   图 7.2-15

7.3 创建转角楼梯

Revit 2020 中提供了两种转角楼梯，"L 形转角"楼梯 ⬛ 和 "U 形转角"楼梯 ⬛ 。这两种楼梯的创建相对简单，在属性和实例参数的设置上与前面的楼梯相同，绘制时候只需用鼠标单击一点即可，如图 7.3-1 和图 7.3-2 所示。

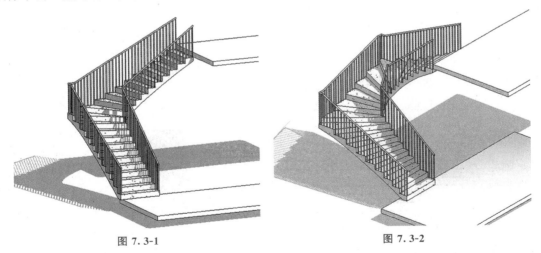

图 7.3-1   图 7.3-2

7.4 绘制草图方式创建楼梯

草图楼梯的创建方式是以直接绘制楼梯边界和踢面线的方式来完成楼梯的创建。这种方式可以创建形式富于变化的楼梯。

切换到一层平面视图中，单击"建筑"选项卡"楼梯坡道"面板中的"楼梯"按钮，将楼梯的属性和实例参数设置好，此处不再详述。设置好参数后单击"创建草图"→"踢面"按钮，

　　首先沿楼板边缘绘制一条踢面线，然后使用"拾取线"命令设置偏移为 300，单击样例楼板边缘，依次偏移得到 24 个踢面线，如图 7.4-1 所示。此处，因为还没有绘制边界，所以踢面数量显示不正确。单击"边界"→"直线"按钮，绘制图 7.4-2 所示的边界线，再次单击"踢面"→"起点-终点-半径弧"按钮，绘制下面 5 条踢面线，如图 7.4-3 所示。删除下面重复的 5 条踢面线。单击"楼梯路径"按钮，绘制楼梯方向线，如图 7.4-4 所示。

　　单击"完成编辑模式"按钮完成草图创建，再次单击"完成编辑模式"按钮完成楼梯创建，如图 7.4-5 所示。在平面视图中单击此处箭头可以修改楼梯起始的方向，调整好起始方向后的楼梯如图 7.4-6 所示。

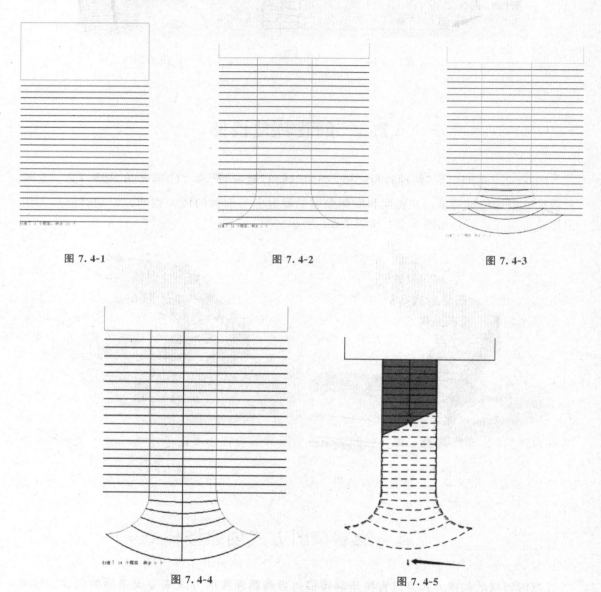

图 7.4-1　　　　　　　　　　　　图 7.4-2　　　　　　　　　　　　图 7.4-3

图 7.4-4　　　　　　　　　　　　　　　　　图 7.4-5

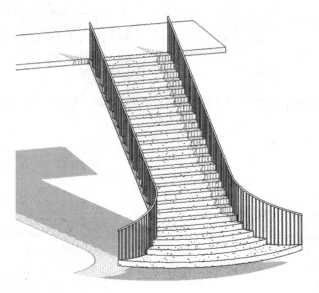

图 7. 4-6

7.5　创建多层楼梯

Revit 软件提供了一个可以快速生成多层楼梯的命令，本节就来学习这个命令是如何使用的。打开小别墅项目文件，在空白区域按标高创建四层楼板。单击"建筑"选项卡"楼梯坡道"面板中的"楼梯"按钮，绘制一部双跑楼梯。绘制方法和前面章节所讲述的一致，如图 7.5-1 所示。此时不要结束楼梯创建，单击"连接标高"按钮，如图 7.5-2 所示，系统将弹出"转到视图"对话框，在该对话框中选择一个立面视图，如选择北视图，如图 7.5-3 所示，选择 3F 和 3G 两个标高，然后单击"完成编辑模式"按钮完成创建，如图 7.5-4 所示。切换至三维视图，框选小别墅全部模型，单击鼠标右键，在弹出的快捷菜单中选择"在视图中隐藏"→"图元"选项，将小别墅模型全部隐藏。

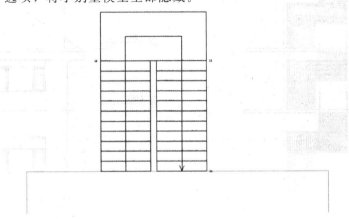

图 7.5-1

图 7.5-2

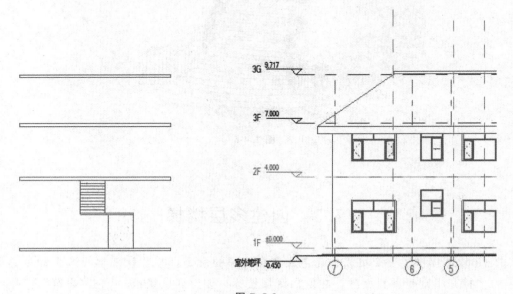

图 7.5-3

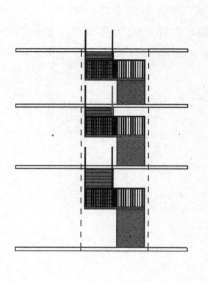
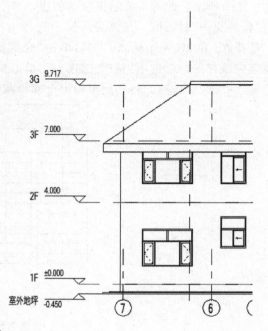

图 7.5-4

在三维视图中单击三维视图导航工具中的"左"，将其显示为左侧视图，如图 7.5-5 所示。图中上面两部楼梯因为层高和下面的层高不一致，故得到的楼梯踏步数量是不同的。我们可以调节楼梯位置与楼板对齐，也可以编辑楼板与楼梯对齐。单击"修改"面板中的"对齐"按钮，配合 Tab 键可以将楼梯对齐到楼板，如图 7.5-6 所示。如果想单独编辑某个楼梯，可以用 Tab 键＋鼠标单击选中这个楼梯，然后在"属性"面板中进行修改。这里的操作和前面章节所讲述的方法一致，此处不再赘述。

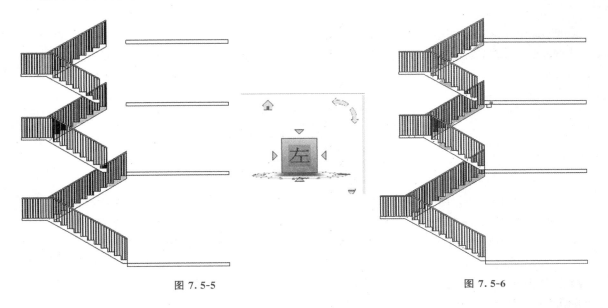

图 7.5-5　　　　　　　　　　　　　　　　　　　图 7.5-6

第 8 章
柱、梁和结构构件

本章主要讲述如何创建和编辑建筑柱、结构柱，以及梁、梁系统、结构支架等，了解建筑柱和结构柱的应用方法和区别。根据项目需要，某些时候我们需要创建结构梁系统和结构支架，如对楼层净高产生影响的大梁等。我们也可以在剖面上通过二维填充命令来绘制梁剖面。

8.1 一层平面结构柱

展开项目浏览器"视图"→"楼层平面"，双击"1F"，打开一层平面视图。首先插入所需要的结构柱的族。单击"插入"选项卡"从库中载入"面板中的"载入族"按钮，在弹出的"载入族"对话框中从系统族库文件中找到"结构"→"柱"→"混凝土"→"混凝土-矩形-柱"，将其载入项目中。单击"结构"选项卡"结构"面板中的"柱"按钮，在"属性"面板类型选择器选择柱类型为"混凝土-矩形-柱 300×450 mm"，单击"属性"面板中的"编辑类型"按钮，在"类型属性"对话框中单击"复制"按钮，复制新建一个命名为"450×450 mm"的族类型，把尺寸标注中"b"的 300 改为 450，单击"确定"按钮完成新类型族的创建。将选项栏的深度改为高度方式。如图 8.1-1 所示，使结构柱的中心点相对于Ⓐ轴和⑦轴的交点位置单击鼠标放置结构柱，使用"对齐"命令配合 Tab 键将柱子在外墙相邻位置的边对齐到墙体构造的核心边界上，如图 8.1-2 所示。

【注意】这里要把显示模式改成精细。

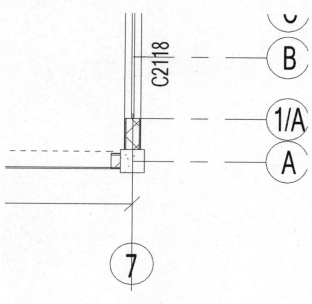

图 8.1-1

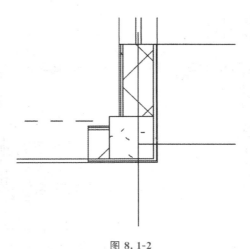

图 8.1-2

在柱子的"属性"面板实例属性中，单击结构材质"混凝土-现场浇注混凝土"后的"浏览"按钮，打开"材质浏览器"对话框，如图 8.1-3 所示，将图形下面的截面填充图案设置为"实体填充"，颜色为黑色。

按上述操作将一层平面的结构柱布置如图 8.1-4 所示。

使用"内建模型"来绘制剩下的异形柱子。单击"建筑"选项卡"构建"面板"构件"下拉列表中的"内建模型"按钮，在弹出的"族类别和族参数"对话框中选择"柱"，单击"确定"按钮，在名称中输入"异形柱 01"，单击"确定"按钮进入模型创建界面。单击"创建"选项卡"形状"面板中的"拉伸"按钮，如图 8.1-5 所示，使用"拾取线"命令在③轴和ⓒ轴的交点外绘制。单击"镜像-绘制轴"按钮，以图 8.1-6 所示的两点为轴绘制剩下一条边，然后使用"修剪"命令完成绘制。在"属性"面板中将"拉伸终点"设置为 4 000，"拉伸起点"设置为－450，将材质设置为"混凝土-现场浇注混凝土"，单击"完成编辑模式"按钮，再次单击"完成编辑模式"按钮完成异形柱的绘制。这里不能显示为黑色截面，可以采用二维填充命令来绘制截面填充。单击"注释"选项卡"详图"面板"区域"下拉列表中的"填充区域"按钮，单击"拾取线"按钮，拾取刚绘制的异形柱轮廓，在"属性"面板类型选择器中选择"实体填充-黑色"，单击"完成编辑模式"按钮完成创建，如图 8.1-7 所示。也可以不用创建内建模型而是直接使用"区域填充"来绘制异形柱的截面。最终完成的一层平面图中的结构柱布置情况如图 8.1-8 所示。

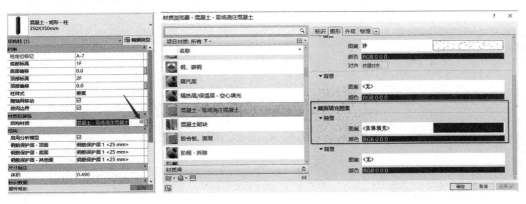

图 8.1-3

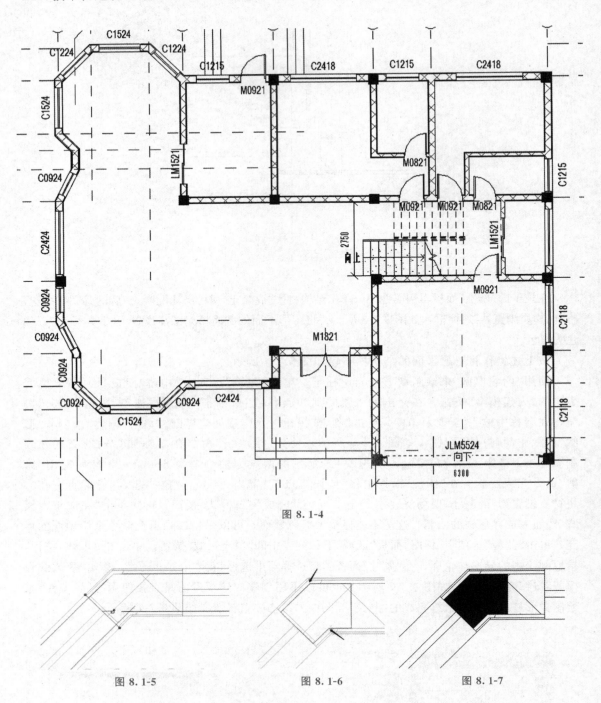

图 8.1-4

图 8.1-5　　　　　　　　图 8.1-6　　　　　　　　图 8.1-7

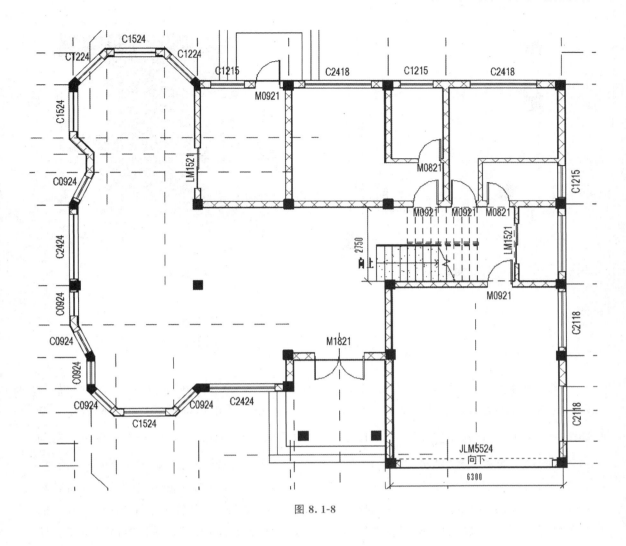

图 8.1-8

8.2　绘制一层入口雨篷结构柱

接上节练习，展开项目浏览器中"视图"→"楼层平面"，双击"1F"，打开一层平面视图，创建一层入口雨篷结构柱。

单击"建筑"选项卡"构建"面板"柱"下拉菜列表中"结构柱"按钮，在"属性"面板类型选择器中选择柱类型为"钢筋混凝土 350×350 mm"，将选项栏中的深度改为高度方式。如图 8.2-1 所示绘制结构柱，切换到三维视图，单击选中入口处的结构柱，执行"附着顶部/底部"命令，勾选附着柱顶部，单击入口雨篷屋顶将柱顶与屋顶附着，在"属性"面板实例属性中将"构造"→"顶部附着对正"设置为最大相交，如图 8.2-2 所示。

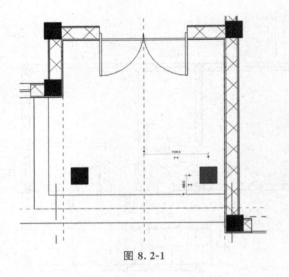

图 8.2-1

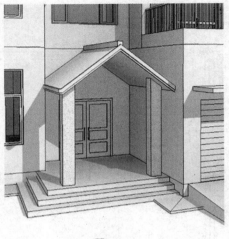

图 8.2-2

8.3　绘制二层平面结构柱

接上节练习，展开项目浏览器"视图"→"楼层平面"，双击"1F"，打开一层平面视图，采用复制粘贴的方法来创建二层的结构柱。在一层平面视图中用鼠标框选小别墅一层的全部图元，单击"过滤器" 🔽 按钮，打开"过滤器"对话框，单击"放弃全部"按钮，取消所有勾选项，拖动下拉条找到"结构柱"和"详图项目"，将这两项勾选，单击"确定"按钮完成选择。配合 Shift 键＋鼠标左键单击入口雨篷的两个结构柱和⑤、⑥轴与Ⓐ轴相交的结构柱将其减选掉，如图 8.3-1 所示。单击"复制到剪贴板"按钮，再在"粘贴"下拉列表中选择"与选定的视图对齐"选项，在弹出的"选择视图"对话框中选择"楼层平面：2F"，单击"确定"按钮，切换到二层平面视图中，如图 8.3-2 所示。

在二层平面视图中使用过滤器将二层的结构柱全部选中，配合 Shift 键＋鼠标左键单击③、④、⑤轴与Ⓕ轴相交的结构柱将其减选掉，如图 8.3-3 所示。切换到三维视图中，单击"附着顶部/底部"按钮，默认勾选附着柱顶，单击选中主体屋顶的坡屋顶，在"属性"面板中将实例属性的"顶部附着对正"设置为最大相交，单击"应用"按钮。切换到二层平面视图中，使用 Ctrl 键＋鼠标左键将③、④、⑤轴与Ⓕ轴相交的结构柱全部选中，如图 8.3-4 所示。切换到三维视图中，单击"附着顶部/底部"按钮，默认勾选附着柱顶，单击选中主体屋顶的平屋顶，在"属性"面板将实例属性的"顶部附着对正"设置为最大相交，单击"应用"按钮。完成全部结构柱与屋顶的附着。

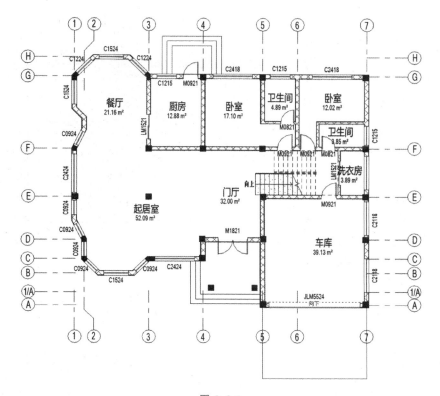

图 8.3-1

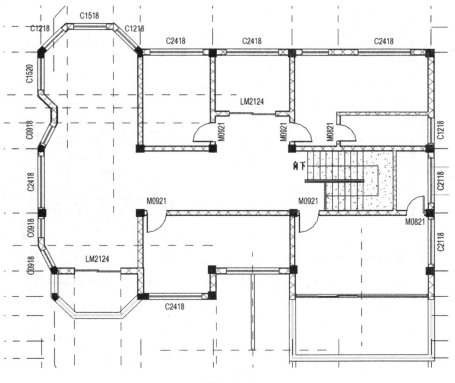

图 8.3-2

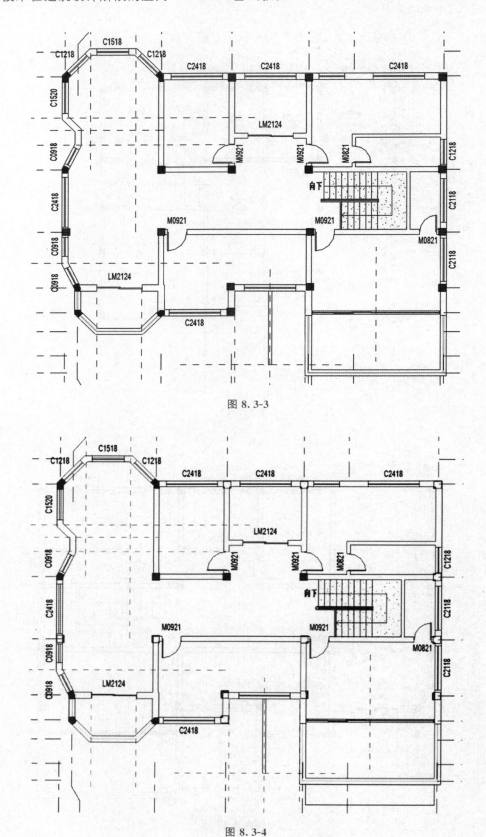

图 8.3-3

图 8.3-4

8.4 绘制楼梯平台梁

　　本节绘制小别墅楼梯的平台梁。展开项目浏览器"视图"→"楼层平面",双击"1F",打开一层平面视图。单击"结构"选项卡"梁"面板中的"梁"按钮。在"属性"面板类型选择器中选择"混凝土-矩形",单击"属性"面板中的"编辑类型"按钮,在弹出的"类型属性"对话框中复制命名一个"楼梯平台梁",将尺寸标注中的"b"和"h"的值都设置为 200,单击"确定"按钮。在图 8.4-1 所示位置绘制三根平台梁,应用前面章节中讲述的关于剖面框的使用方法,将楼梯间在三维视图中按图 8.4-2 所示进行显示。

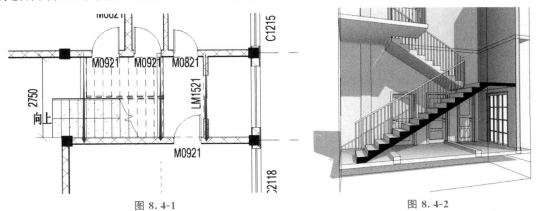

图 8.4-1　　　　　　　　　　　　　　　图 8.4-2

　　在三维视图中可以看到,在一层平面视图中创建的梁的默认标高是"1F",因此刚才创建的三根梁都在"1F"位置。修改这些梁在高度方向上的位置,需要知道平台的高度,先创建一个楼梯间的剖面图。切换到一层平面视图,单击"视图"选项卡"创建"面板中的"剖面"按钮,如图 8.4-3 所示绘制剖面 1。展开项目浏览器中"视图"→"剖面",双击"剖面 1",打开剖面 1 视图。单击"注释"选项卡"尺寸标注"面板中的"高程点"按钮,在楼梯缓步台上创建高程标注,如图 8.4-4 所示。

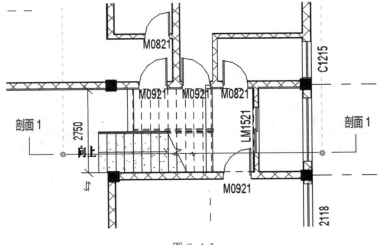

图 8.4-3

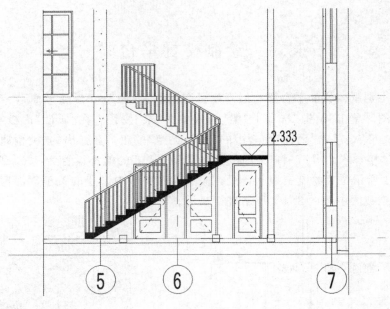

图 8.4-4

在剖面 1 视图中选中楼梯平台梁，将"属性"面板实例属性中的结构材质改成"混凝土-现场浇注混凝土"；单击选中楼梯平台下面的两根梁，将其"属性"面板中实例属性"Z 轴偏移值"设置为 2 333（平台高程值）；单击选中剩下一根梁，将其实例属性"Z 轴偏移值"设置为 3 880。完成后如图 8.4-5 所示。

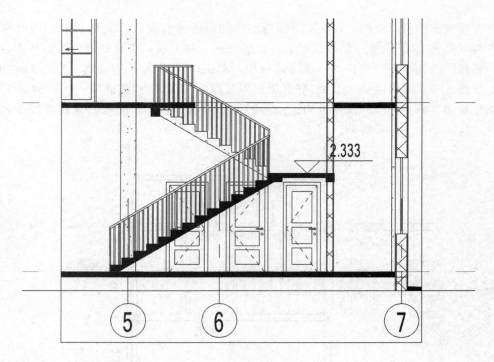

图 8.4-5

第 9 章

房间与面积

9.1 房间

在"建筑"选项卡"房间和面积"面板中单击"房间"按钮,可以创建房间,如图 9.1-1 所示。

图 9.1-1

进入任意楼层平面中,在封闭的房间内单击鼠标添加房间,如图 9.1-2 所示。将房间放置在边界图元形成的范围之内,房间会充满该范围,且房间不可重复添加。选择房间标记,单击选中"房间",将名称变为输入状态,即可对已添加房间的名称进行修改(如厨房),如图 9.1-3 所示。

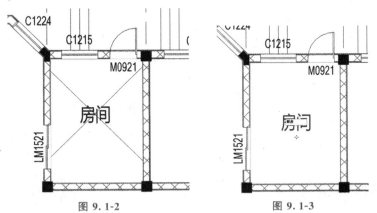

图 9.1-2   图 9.1-3

在计算房间的面积、周长和体积时,Revit 软件会使用房间边界。

若要在平面视图和剖面视图中查看房间边界,可以选择房间或者修改视图的"可见性/

图形"(快捷键：VV)设置，在"视图"选项卡"图形"面板中单击"可见性/图形"按钮，在弹出的"可见性/图形替换"对话框"模型类别"选项卡中选择"房间"，然后单击以便展开。若视图中需要显示内部填充，则勾选"内部填充"；若需要显示房间的参照线，则勾选"参照"，然后单击"确定"按钮即可，如图 9.1-4 所示。

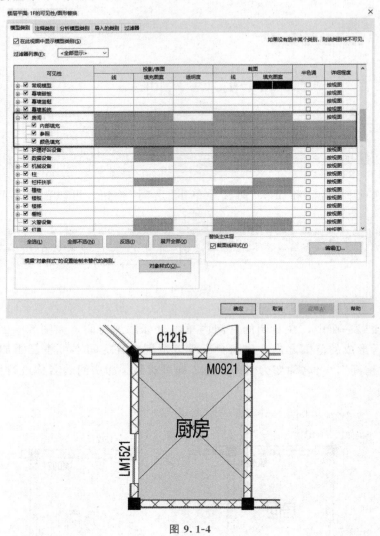

图 9.1-4

9.1.3 房间边界

若要指示某个单元应用于定义房间面积和体积计算的房间边界，则必须指定该图元为房间边界图元。进入楼层平面，使用平面视图可以直接查看房间的外部边界（周长）。默认情况下，Revit 软件使用墙面面层作为外部边界来计算房间面积。Revit 软件中也可以指定墙中心、墙核心层或墙核心层中心作为外部边界。在"建筑"选项卡"房间和面积"面板下拉菜单中单击"面积和体积计算"按钮，如图 9.1-5 所示，在弹出的"面积和体积计算"对话框"计算"选项卡中，选择下列选项之一作为"房间面积计算"的边界（图 9.1-6）。

图 9.1-5

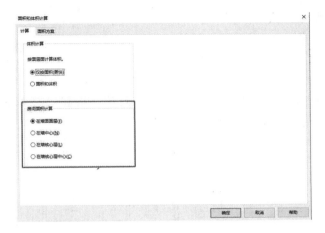

图 9.1-6

（1）在墙面面层：房间边界位于房间内的墙面面层上。

（2）在墙中心：房间边界位于墙的中心线上。

（3）在墙核心层：房间边界位于最靠近房间的核心内层或外层上。

（4）在墙核心层中心：房间边界位于墙核心层的中心线上。

Revit 软件默认情况下，以下图元是房间边界：墙（幕墙、标准墙、内建墙、基于面的墙）；屋顶（标准屋顶、内建屋顶、基于面的屋顶）；楼板（标准楼板、内建楼板、基于面的楼板）；天花板（标准天花板、内建天花板、基于面的天花板）；柱（建筑柱、材质为混凝土的结构柱）；幕墙系统；房间分割线；建筑地坪等。

【注意】通过修改图元属性，很多图元都可以被指定为房间边界。

9.1.4　房间分割线

若系统无法识别所需房间的房间边界时，可用房间分割线对房间进行面积的划分，以帮助定义房间。进入楼层平面，在"建筑"选项卡"房间和面积"面板中单击"房间分隔"按钮绘制分割线，如图 9.1-7 所示。

9.1.5　房间标记

房间和房间标记不同，房间标记是可在平面视图和剖面视图中添加和显示的注释图元。房间标记可以显示相关参数的值，如房间编号、房间名称、计算的面积和体积等，如图 9.1-8 所示。

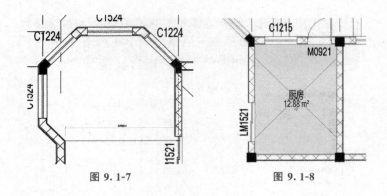

图 9.1-7   图 9.1-8

按照前面所讲的创建房间的方法，将小别墅项目的一层和二层平面的各个空间创建好房间、房间名称、房间标记，如图 9.1-9 和图 9.1-10 所示。

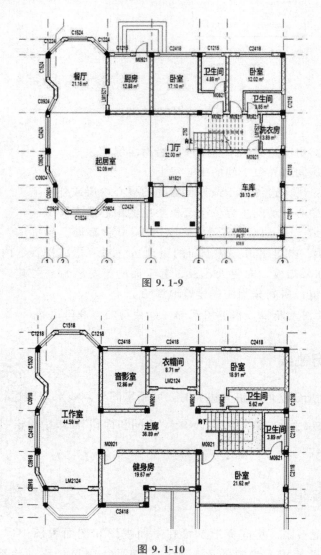

图 9.1-9

图 9.1-10

9.2　面积

面积方案为可定义的空间关系，可根据需要创建或删除面积方案。

9.2.1　创建面积方案

在"建筑"选项卡"房间和面积"面板的下拉菜单中单击"面积和体积计算"按钮，在弹出的"面积和体积计算"对话框中选择"面积方案"选项卡，单击"新建"按钮，如图 9.2-1 所示。

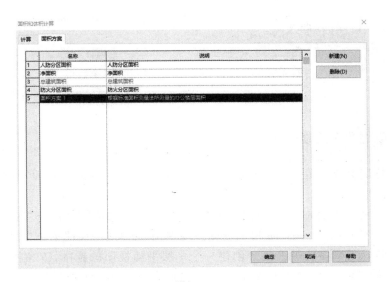

图 9.2-1

9.2.2　删除面积方案

删除面积方案与创建面积方案类似，其区别是选中要删除的面积方案，单击后面的"删除"按钮，完成面积方案的删除。

【注意】如果删除面积方案，则与其关联的所有面积平面也会被删除。

9.2.3　创建面积平面

在"房间和面积"面板"面积"下拉列表中选择"面积平面"命令进行创建，在弹出的"新建面积平面"对话框"类型"下拉列表中选择需要的面积类型，然后单击"确定"按钮，如图 9.2-2 所示。

【注意】单击"确定"按钮之后会出现图 9.2-3 所示的对话框，单击"是"按钮开始创建整体面积平面；单击"否"按钮需要手动绘制面积边界线。

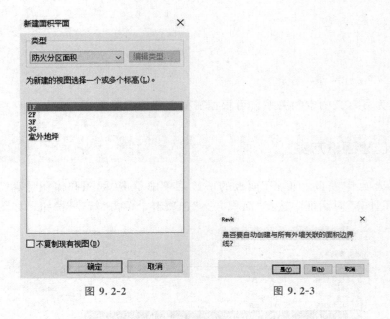

图 9.2-2   图 9.2-3

9.2.4 创建颜色方案

可以根据特定值或值范围，将颜色方案应用于楼层平面视图和剖面视图，可以向每个视图应用不同的颜色方案。

复制一个小别墅项目的一层平面视图。展开项目浏览器"视图"→"楼层平面"，双击"1F"，打开一层平面视图。在"1F"上单击鼠标右键，在弹出的快捷菜单中选择"复制视图"→"带细节复制"，则可在楼层平面下创建一个一层平面视图的副本，在副本上单击鼠标右键，在弹出的快捷菜单中选择"重命名"，修改名称为"1F 功能分区填色"。

在"建筑"选项卡"房间和面积"下拉菜单中单击"颜色方案"按钮，在弹出的"编辑颜色方案"对话框中将方案类别设置为"房间"，此时会自动生成"方案 1"；对"方案 1"进行设置，将颜色设置为"名称"，单击"确定"按钮，生成的房间的颜色方案如图 9.2-4 所示。

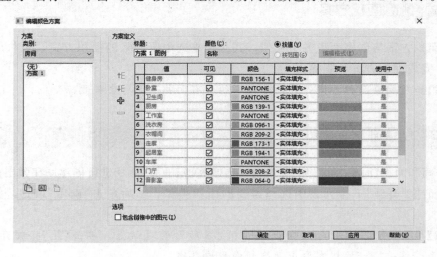

图 9.2-4

使用颜色方案可以将颜色和填充样式应用到房间、面积、空间和分区、管道和风管。

【注意】要使用颜色方案，必须先在项目中定义房间或面积。若要为 Revit MEP 图元使用颜色方案，还必须在项目中定义空间、分区、管道或风管。

9.2.5　应用颜色方案

在"注释"选项卡"颜色填充"面板中单击"颜色填充图例"按钮，将图例放置到需要颜色填充的平面视图中，在弹出的"选择空间类型和颜色方案"对话框中选择空间类型为"房间"，颜色方案为"方案 1"，单击"确定"按钮，应用后的颜色填充图例如图 9.2-5 所示。

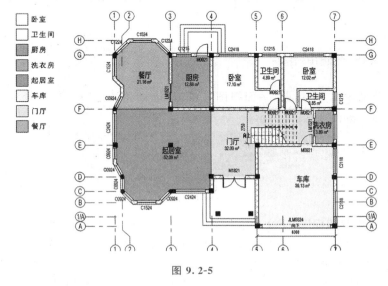

图 9.2-5

按照上面所讲方法，将小别墅项目二层平面也同样创建一个功能分区填色方案，如图 9.2-6 所示。

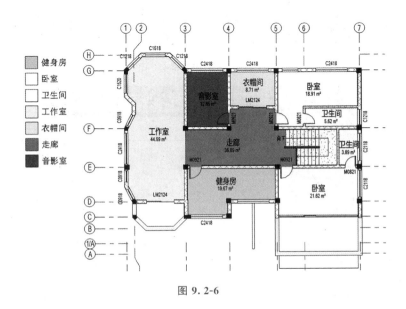

图 9.2-6

第 10 章

场地

10.1 创建地形表面

10.1.1 地形表面的创建

在项目浏览器中打开"场地"平面视图，单击"体量和场地"选项卡"场地建模"面板中的"地形表面"按钮，如图 10.1-1 所示。

图 10.1-1

单击"修改｜编辑表面"上下文功能区选项卡"工具"面板中的"放置点"按钮，如图 10.1-2 所示。在选项栏中设置高程值，这里要注意高程值的单位是毫米。在绘图区域中单击鼠标以放置点，连续放置生成等高线，如图 10.1-3 所示。单击"表面"面板中的"完成表面"按钮，完成地形表面的创建。若放置点或高程值需要修改，首先选择画好的地形，然后单击"修改｜地形"上下文功能区选项卡"表面"面板中的"编辑表面"按钮，选中放置点，修改高程值或移动位置，如图 10.1-4 所示。

图 10.1-2

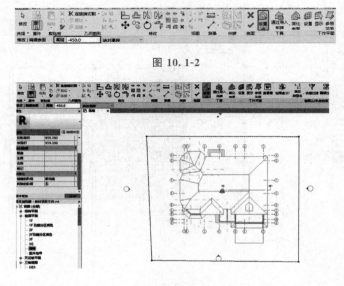

图 10.1-3

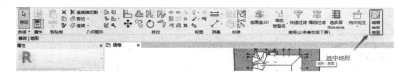

图 10.1-4

单击地形，在"属性"面板中设置材质，如图 10.1-5 所示。设置完成后单击"完成表面"按钮，完成创建。

图 10.1-5

10.1.2　子面域（道路）的创建

单击"体量和场地"选项卡"修改场地"面板中的"子面域"按钮，如图 10.1-6 所示。

图 10.1-6

单击"修改｜创建子面域边界"上下文功能区选项卡"绘制"面板中的"线"按钮，绘制子面域边界轮廓线，如图 10.1-7 所示（提示：子面域边界轮廓必须是闭合的）。

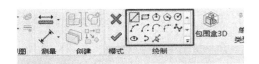

图 10.1-7

在"属性"面板中设置子面域材质，完成绘制，如图 10.1-8 和图 10.1-9 所示。

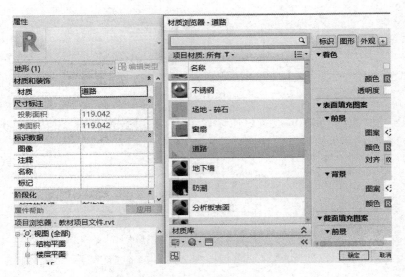

图 10.1-8

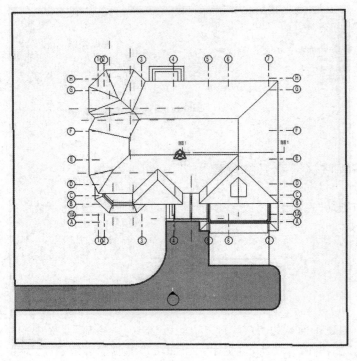

图 10.1-9

10.2　建筑地坪的创建

单击"体量和场地"选项卡"场地建模"面板中的"建筑地坪"按钮，如图 10.2-1 所示。

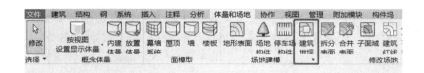

图 10.2-1

单击"修改｜创建建筑地坪边界"上下文功能区选项卡"绘制"面板中的"拾取墙"或"线"按钮，绘制封闭的地坪轮廓线，在"属性"面板中设置相关参数，完成绘制，如图 10.2-2 和图 10.2-3 所示。

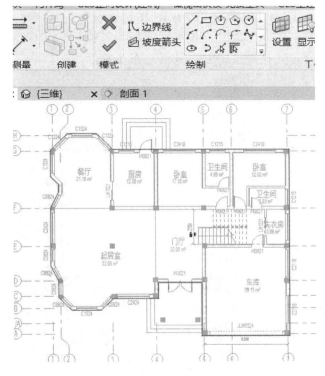

图 10.2-2

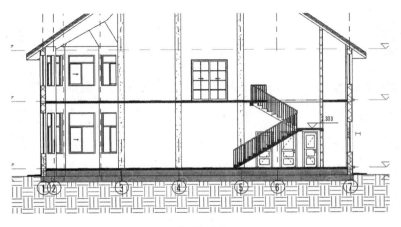

图 10.2-3

"子面域"一般用来创建道路系统，建筑地坪除正常的既有功能外，还可以对场地向下开挖已做出地下室空间部分或者用来绘制场地环境中的一些下沉空间部分。

10.3　场地构件与建筑红线

有了地形表面和道路，再配上生动的花草、树木、车等场地构件，可以使整个场景更加丰富。场地构件的绘制同样在默认的"场地"视图中完成。

展开项目浏览器"视图"→"楼层平面"，双击"场地"，进入场地平面视图，单击"体量和场地"选项卡"场地建模"面板中的"场地构件"按钮，在"属性"面板类型选择器下拉列表中选择所需的构件，如树木、RPC 人物等，单击放置构件，如图 10.3-1 和图 10.3-2 所示。

图 10.3-1

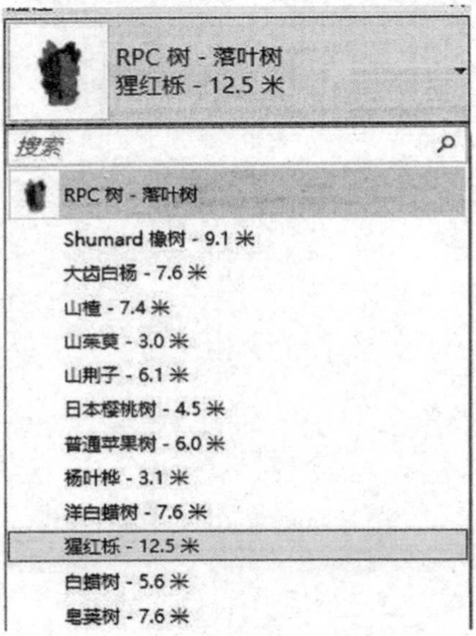

图 10.3-2

如列表中没有需要的构件，可从族库中载入。单击"插入"选项卡"从库中载入"面板中的"载入族"按钮，选择需要载入的族，如图 10.3-3 和图 10.3-4 所示。

图 10.3-3

图 10.3-4

添加停车场构件的具体操作同添加场地构件。

打开场地视图平面，单击"体量和场地"选项卡"场地建模"面板中的"停车场构件"按钮，在"属性"面板类型选择器下拉列表中选择所需不同类型的停车场构件，单击放置构件。可以使用复制、阵列命令放置多个停车场构件。

建筑红线也称建筑控制线，是指城市规划管理中，控制城市道路两侧沿街建筑物或构筑物（如外墙、台阶等）靠临街面的界线。在 Revit 软件中创建建筑红线有两种方式。

10.3.1　绘制建筑红线

单击"体量和场地"选项卡"修改场地"面板中的"建筑红线"按钮，在弹出的对话框中选择"通过绘制来创建"进入绘制模式，如图 10.3-5 和图 10.3-6 所示。

图 10.3-5　　　　　　　　　　　　　　图 10.3-6

在"修改｜创建建筑红线草图"上下文功能区选项卡"绘制"面板中单击"线"按钮，绘制封闭的建筑红线轮廓线。

10.3.2　用测量数据创建建筑红线

单击"体量和场地"选项卡"修改场地"面板中的"建筑红线"按钮，在弹出的"创建建筑红线"对话框中选择"通过输入距离和方向角来创建"，如图 10.3-7 所示。

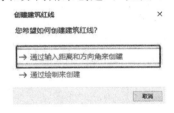

图 10.3-7

在弹出的"建筑红线"对话框中单击"插入"按钮，添加测量数据，并设置直线、弧线边界的距离、方向、半径等参数，如图 10.3-8 所示。

调整顺序，如果边界没有闭合，单击"添加线以封闭"按钮。单击"确定"按钮后，选择红线移动到所需位置。

图 10.3-8

参照上面所讲内容对小别墅项目进行场地布置，如图 10.3-9 所示。

图 10.3-9

第11章
组与链接

11.1　组

在 Revit 软件中可以将项目或族中的图元成组，在需要创建代表重复布局的实体或通用于许多建筑项目的实体（如宾馆房间、公寓或重复楼板）时，对图元进行分组非常有用。

放置在组中的每个实例之间都存在相关性。例如，创建一个具有墙和窗的组，然后将该组的多个实例放置在项目中，如果修改一个组中的墙，则该组所有实例中的墙都会随之改变。

模型组：可以包括模型图元。

详图组：可以包含视图专有图元（如文本和填充区域）。

附着的详图组：可以包含与特定模型组关联的视图专有图元（如门标记）。

11.1.1　组的创建

可以通过在项目视图中选择图元来创建组。

选择需要成组的图元，单击"修改 | 选择多个"上下文功能区选项卡"创建"面板中的"创建组"按钮 ，在弹出的"创建模型组"对话框中输入组的名称，单击"确定"按钮，如图 11.1-1 所示。

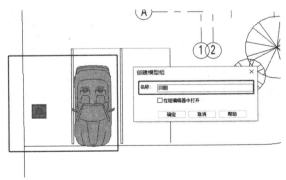

图 11.1-1

组不能同时包含模型图元和视图专有图元。如果选择这两种类型的图元，然后尝试将它们成组，则 Revit 软件会创建一个模型组，并将详图图元放置于该模型组的附着的详图组中。如果同时选择详图图元和模型组，其结果相同：Revit 软件将为该模型组创建一个含有详图图元的附着的详图组。

11.1.2 组的编辑

模型成组后也，可对模型组进行编辑。

添加或删除组中的图元会影响到该组的所有实例。在绘图区域中选择要修改的组，如果要修改的组是嵌套的，则按 Tab 键，直到高亮显示该组，然后单击选中它。在"修改｜模型组"上下文功能区选项卡"成组"面板中单击"编辑组"按钮，单击"添加"或"删除"按钮对模型组进行编辑，如图 11.1-2所示。

图 11.1-2

"删除"可以从组实例中排除图元，以使其在视图中不可见，还可以将图元从组实例移动到项目视图中。

可以使用下列方法之一来排除图元。

（1）从组实例中排除图元。该图元仍保留在组中，但它在该组实例的项目视图中不可见。如果排除的图元是任何图元的主体，Revit 软件会尝试变更这些图元的主体。

详细步骤：在绘图区域中，首先单击"删除"按钮，此时鼠标光标变成箭头边上带个减号的形状，然后将鼠标光标放在要排除的组图元上单击或按"Tab"键高亮显示该图元，最后单击将其从组实例中排除。

（2）使用"添加"命令可以将排除的图元恢复到它们的组实例中。

详细步骤：在绘图区域中，单击"添加"按钮，此时鼠标光标变成箭头边上带个加号的形状，将光标放在已排除的组图元上或者是其他不在组中的图元上。如果不容易选中图元，则可按 Tab 键高亮显示该图元，然后单击选中它，即可将其添加到现有的组中。

11.1.3 组的保存

如果在项目中操作，可以将组保存为项目文件（＊.rvt）；如果在组编辑器中操作，则可以将其保存为族文件（＊.rfa）。

执行"应用程序菜单"→"另存为"→"库"→"成组"命令，如图 11.1-3 所示，在弹出的"保存组"对话框中对保存的文件进行设置。

默认情况下，"文件名"文字框中会显示"与组名相同"。如果接受此名称，Revit 软件将使用与组名相同的名称保存文件。因此，如果组名为 Group5，则会保存为 Group5.rvt（或者 Group5.rfa）。如有必要，也可以修改此名称。

如果项目包含多个组，则可从"要保存的组"下拉列表中选择适当的组，指定是否"包含附着的详图组作为视图"，单击"保存"按钮，如图 11.1-4 所示。

11.1.4 组的载入

可以将 Revit 模型（＊.rvt）作为组载入项目中，并且可以将 Revit 族文件（＊.rfa）作为组载入族编辑器。

单击"插入"选项卡，"从库中载入"面板中的"作为组载入"按钮，如图 11.1-5 所示。在弹出的"将文件作为组载入"对话框中，定位到要载入的 Revit 项目、族或组。

图 11.1-3

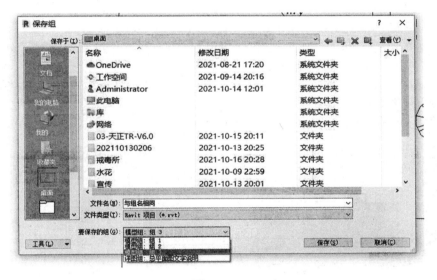

图 11.1-4

图 11.1-5

如果正在载入 RVT 文件，则应在对话框中选择是否包含附着的详图、标高或轴网。如果选择"包含附着的详图"，则文件中的详图图元将以附着的详图组进行载入，如图 11.1-6 所示。

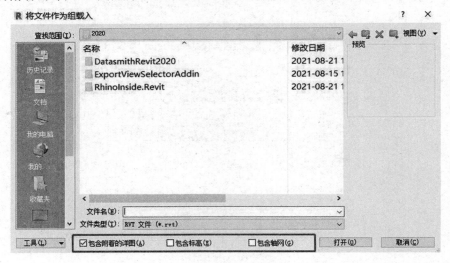

图 11.1-6

单击"打开"按钮，将文件作为组载入，并且该组会在项目浏览器的"组"分支下显示，如图 11.1-7 所示。现在可以在项目或族中放置组。

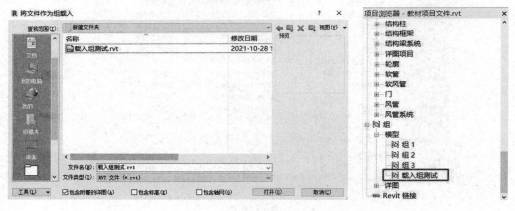

图 11.1-7

11.2 链接

11.2.1 插入链接模型

在"插入"选项卡"链接"面板中单击"链接 Revit"按钮，在弹出的"导入/链接 RVT"对话框中选择需要链接的文件，定位为"自动-原点到原点"，如图 11.2-1 所示。

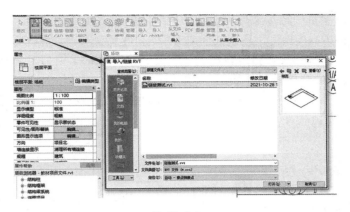

图 11.2-1

11.2.2 管理链接模型

　　如果项目中链接的源文件发生了变化，则在打开项目时，Revit 软件将自动更新该链接；若要在不关闭当前项目的情况下更新链接，可以先卸载链接然后再重新载入，如图 11.2-2 所示。

　　若要管理项目中的链接，可在"管理链接"对话框中将其选中，并选用适当的工具进行管理。在该对话框中，按住 Ctrl 键并单击链接编号，可以选择多个要修改的链接。对链接进行管理可以使用以下工具。

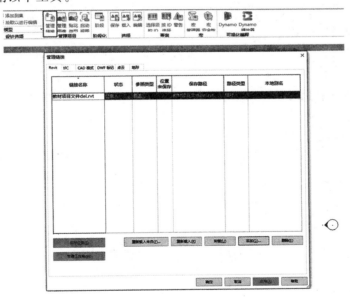

图 11.2-2

　　(1)保存位置：保存链接实例的位置。

　　(2)重新载入来自：更改链接的路径(如果链接文件已被移动)。

　　(3)重新载入：载入最新版本的链接文件，也可以关闭项目并重新打开它，链接文件将被重新载入。

(4)卸载：删除项目中链接文件的显示，但继续保留链接。

(5)添加：链接 Revit 模型、IFC 文件或 CAD 文件至项目，并在当前视图中放置实例。

(6)"参照类型"下拉列表：指定在将主体模型链接到另一个模型时是显示("附着")还是隐藏("覆盖")此嵌套的链接模型，如图 11.2-3 所示。

(7)"路径类型"下拉列表：用于指定模型的文件路径是"相对"路径还是"绝对"路径。默认值为"相对"，如图 11.2-4 所示。

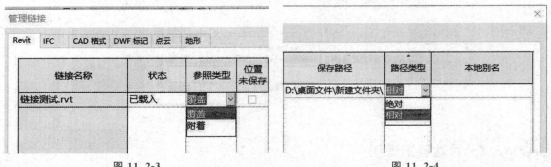

图 11.2-3　　　　　　　　　　　　　　　　图 11.2-4

11.2.3　绑定链接模型

使用"绑定链接"命令，选择链接模型中的图元和基准以转换为组，如图 11.2-5 所示。

图 11.2-5

在绘图区域中选择链接模型，单击"修改 | RVT 链接"上下文功能区选项卡"链接"面板中的"绑定链接"按钮，在弹出的"绑定链接选项"对话框中选择要在组内包含的图元和基准，单击"确定"按钮，如图 11.2-6 所示。

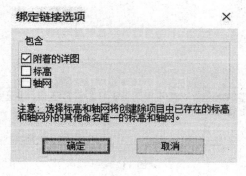

图 11.2-6

(1)附着的详图：包含视图专有的详图图元作为附着的详图组。

(2)标高：包含在组中具有唯一名称的标高。

(3)轴网：包含在组中具有唯一名称的轴网。

如果项目中有一个组与链接的模型同名，将会显示一条消息来说明这一情况，如图 11.2-7 所示。

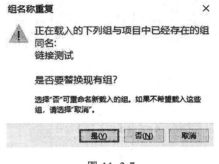

图 11.2-7

可以执行下列操作之一：

(1)单击"是"按钮，以替换组。

(2)单击"否"按钮，使用新名称保存组。此时，将显示另一条消息，说明链接模型的所有实例都将从项目中删除，但链接模型文件仍会载入到项目中。用户可以单击消息对话框中的"删除链接"按钮，将链接文件从项目中删除，如图 11.2-8 所示；也可以在以后，从"管理链接"对话框中删除该文件。

(3)单击"取消"，按钮以取消转换。

图 11.2-8

第 12 章

建筑平立剖出图

12.1 平面图出图

12.1.1 处理视图

打开小别墅出图模型项目，切换至"1F"平面视图，单击鼠标右键弹出快捷菜单，如图 12.1-1 所示，执行"复制视图"→"带细节复制"命令，将在楼层平面下创建一个"1F"平面视图的副本。然后在项目浏览器中选择"1F 副本 1"，重命名视图为"出图-一层平面图"，如图 12.1-2 所示。

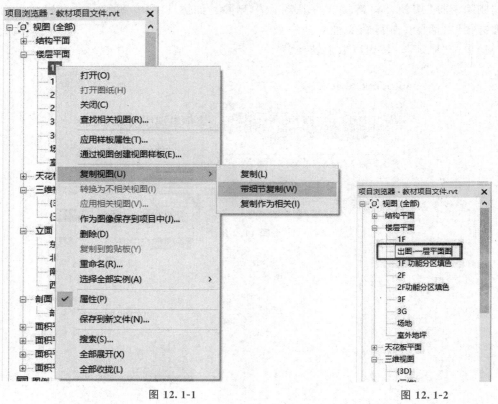

图 12.1-1   图 12.1-2

双击鼠标进入"出图-一层平面图"中，选择任意一个参照平面，单击鼠标右键，将弹出图 12.1-3 所示的快捷菜单，选择"在视图中隐藏"→"类别"命令，将视图中所有参照平面全部隐藏。

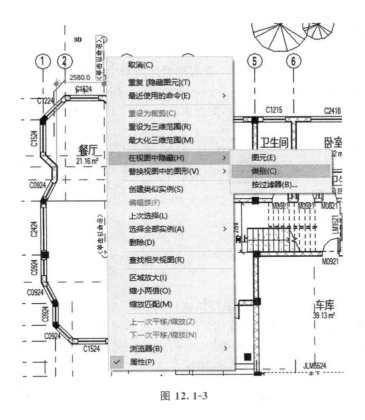

图 12.1-3

同理，将图中的植物和其他场地环境构件隐藏，完成后如图 12.1-4 所示。

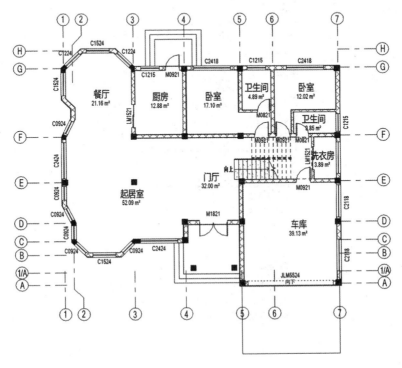

图 12.1-4

在 Revit 软件中，轴是三维属性的，在某一层中对轴线的调节会同时作用到其他的平面视图中，因此，在出图阶段要对轴线进行二维调整。

单击选中轴线，如图 12.1-5 所示，看到轴号附近有个"3D"字符，这表明目前该轴线是处于三维状态，单击"3D"，该字符将会转化为"2D"，如图 12.1-6 所示。此时，轴线处于二维编辑状态，其调整不会对其他视图产生影响。

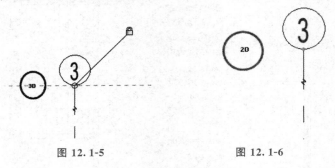

图 12.1-5   图 12.1-6

下面，对轴线的三维和二维状态进行快速转换。

在楼层平面"属性"面板中勾选"范围"下面的"裁剪视图"和"裁剪区域可见"两个选项，如图 12.1-7 所示，在"出图-一层平面视图"中将出现的裁剪区域调整如图 12.1-8 所示。这时，裁剪区域外的轴线将自动转换为"2D"模式。

图 12.1-7

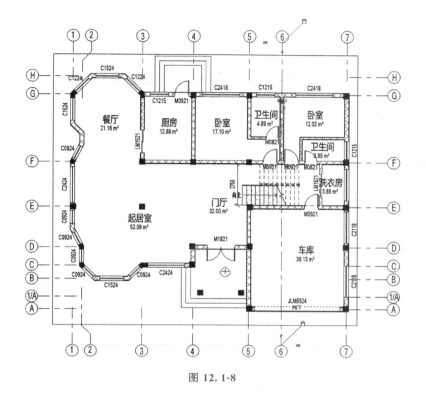

图 12.1-8

单击选中轴线，拖曳轴号处的圆点，将轴号与外墙之间的距离进行调整，留出尺寸标注的空间；有的轴线并不需要双侧显示，单击选中不需要显示一侧的轴线，将轴圈一侧的小方框中的勾选取消，如图 12.1-9 所示，关闭轴圈显示；然后，将楼层平面"属性"面板中"范围"下面的"裁剪视图"和"裁剪区域可见"两个选项勾选取消。完成后如图 12.1-9 所示。单击此处轴线的端点，如图 12.1-10 所示将其拖曳到轴圈相交点处重合，使这段轴线不显示。完成后如图 12.1-11 所示。将平面轴线调整好，如图 12.1-12 所示。

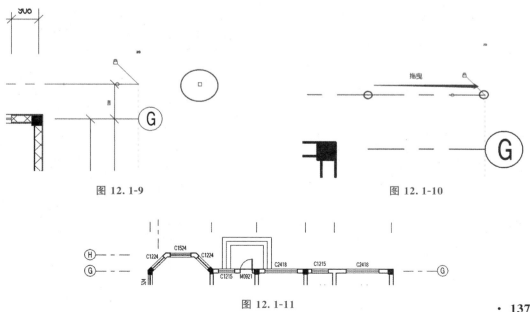

图 12.1-9

图 12.1-10

图 12.1-11

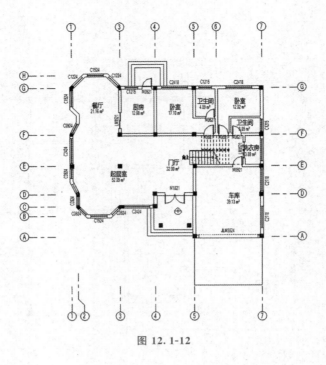

图 12. 1-12

12. 1. 2 ▶ 尺寸标注

为了快速为轴网添加尺寸标注，单击"建筑"选项卡"构建"面板中的"墙"按钮，在"绘制"面板单击"矩形"按钮，从左上至右下绘制矩形墙体，保证跨越所有的轴网，如图 12.1-13 所示。

【注意】单侧显示轴号的轴线，不显示轴号一侧也要注意不要与这道辅助墙体相交。

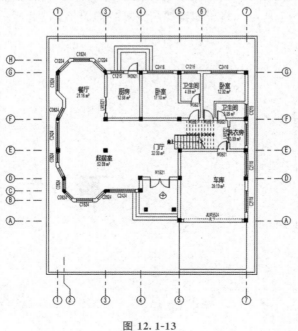

图 12. 1-13

单击"注释"选项卡"尺寸标注"面板中的"对齐"按钮，在选项栏中设置"拾取"为"整个墙"，单击"选项"按钮，在弹出的"自动尺寸标注选项"对话框中勾选"洞口""宽度""相交轴网"选项，单击"确定"按钮，如图 12.1-14 所示。

图 12.1-14

在绘图区域移动鼠标光标到刚绘制的矩形墙体一侧单击，创建整面墙所有相交轴网的尺寸标注，在适当位置单击放置尺寸标注，用同样的方法借助矩形墙体标注另外三面墙的轴网，如图 12.1-15 所示。

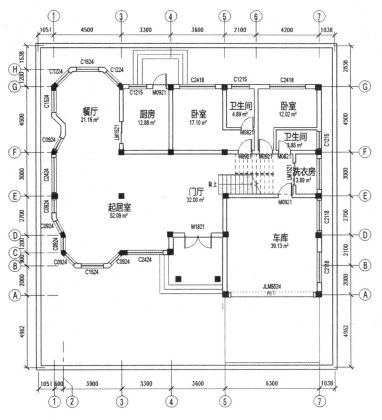

图 12.1-15

移动光标到矩形墙的任意位置，按 Tab 键切换到矩形的整个轮廓，单击选中矩形轮廓，将选中的矩形墙体删除，完成后如图 12.1-16 所示。

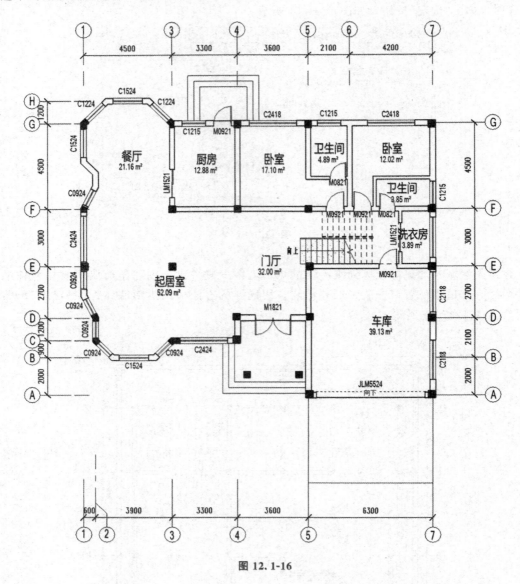

图 12.1-16

在 Revit 软件中，尺寸标注依附于其标注的图元存在，当参照图元删除后，其依附的尺寸标注也被删除，而前述操作中添加的尺寸是借助墙体来捕捉到关联轴线，只有端部尺寸标注依附于墙体存在，所以当墙体删除以后，尺寸标注中只有端部尺寸被删除，剩下部分就是需要标注的三道尺寸线中的第二道轴线尺寸。

单击"注释"选项卡"尺寸标注"面板中的"对齐"按钮，在选项栏中设置"拾取"为"单个参照点"，在视图中绘制第一道尺寸线：总长度、总宽度。完成后如图 12.1-17 所示。

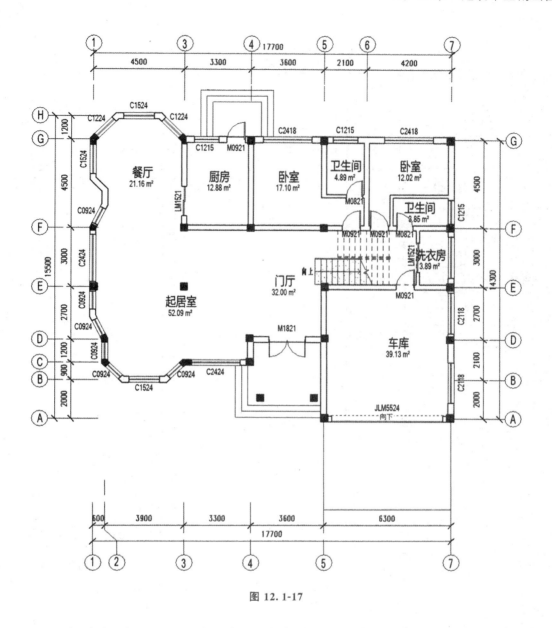

图 12.1-17

　　第三道尺寸线：门窗洞口尺寸及建筑内部部分定位尺寸。这道尺寸要以拾取单个点和拾取墙体两种方式配合来使用。如图 12.1-18 所示，这里可以使用拾取墙体的方式来快速标注。如图 12.1-19 所示，可以使用拾取单个点的方式来快速标注。

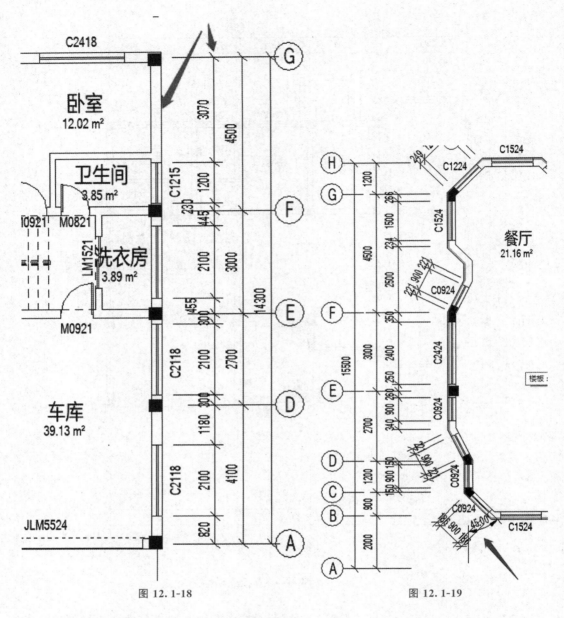

图 12. 1-18   图 12. 1-19

一层平面图完成三道尺寸标注后，如图 12.1-20 所示。

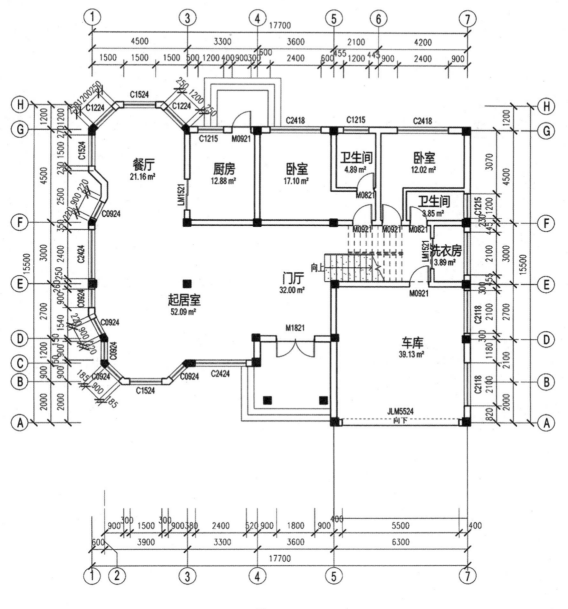

图 12.1-20

　　根据项目规模的大小，可以设置不同的比例来进行标注。本示例项目由于规模较小，要标注满足施工图要求的详细数据，故可设置比例为 1：50 ，如图 12.1-21 所示，这样可以标注更多的数据。

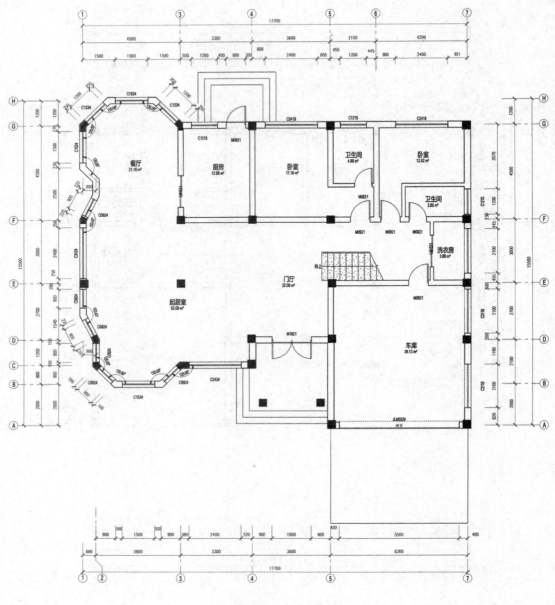

图 12.1-21

12.1.3 楼梯平面出图设置

在图 12.1-21 中可以看到，楼梯的显示样式与现行建筑工程制图规范有所不同，这里要通过对视图的"可见性/图形替换"设置，来达到满足现行建筑工程制图规范的要求。

按快捷键"VV"打开"可见性/图形替换"对话框，展开楼梯项，取消勾选"＜高于＞剪切标记""＜高于＞支撑""＜高于＞楼梯前缘线""＜高于＞踢面线""＜高于＞轮廓"选项，如图 12.1-22 所示。

　　展开栏杆扶手项，取消勾选"＜高于＞扶手""＜高于＞栏杆扶手截面线""＜高于＞顶部扶栏"选项，如图 12.1-23 所示。

可见性	投影/表面			截面		半色诮
	线	填充图案	透明度	线	填充图案	
☑ 顶部扶栏						
⊞ □ 植物						□
☑ 楼板						□
⊟ ☑ 楼梯	替换...	替换...	替换...	替换...	替换...	□
□ ＜高于＞剪切标记						
□ ＜高于＞支撑						
□ ＜高于＞楼梯前缘线						
□ ＜高于＞踢面线						
□ ＜高于＞轮廓						
☑ 剪切标记						
☑ 支撑						
☑ 楼梯前缘线						
☑ 踢面/踏板						
☑ 踢面线						
☑ 轮廓						
☑ 隐藏线						

图 12.1-22

可见性	投影/表面			截面		半色调	详细程度
	线	填充图案	透明度	线	填充图案		
⊞ ☑ 幕墙嵌板						□	按视图
⊞ ☑ 幕墙竖梃						□	按视图
⊞ ☑ 幕墙系统						□	按视图
⊞ ☑ 房间						□	按视图
⊞ ☑ 机械设备						□	按视图
⊞ ☑ 柱						□	按视图
⊟ ☑ 栏杆扶手						□	按视图
□ ＜高于＞扶手							
□ ＜高于＞栏杆扶...							
□ ＜高于＞顶部扶栏	替换...			替换...			
☑ 扶手							
☑ 扶栏							
☑ 支座							
☑ 栏杆							
☑ 终端							
☑ 隐藏线							

图 12.1-23

　　完成后的一层楼梯平面，如图 12.1-24 所示。

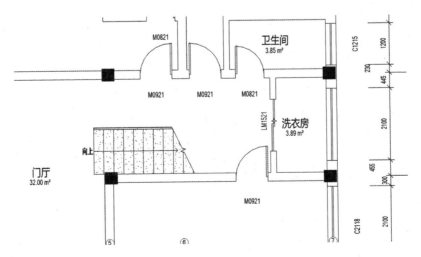

图 12.1-24

12.1.4 高程点标注

单击"注释"选项卡"尺寸标注"面板中的"高程点"按钮 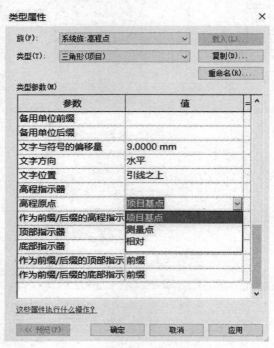，在"属性"面板中单击"编辑类型"按钮，在弹出的"类型属性"对话框中可以设置高程的基准点，单击"确定"按钮，如图 12.1-25 所示。

图 12.1-25

在放置高程点前，将选项栏"引线"取消勾选，然后在相应位置单击鼠标确定标注位置，再次单击鼠标确定高程点的方向，如图 12.1-26 所示。

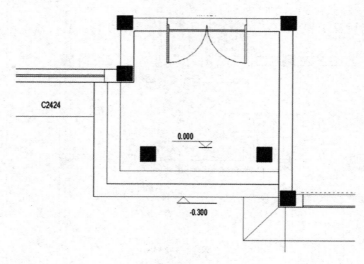

图 12.1-26

选中高程点，可以在"属性"面板中为高程点添加前缀或后缀，如图 12.1-27 所示。

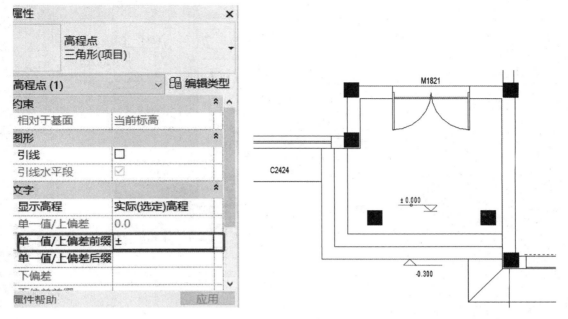

图 12.1-27

12.2　立面图出图

12.2.1　处理视图

在项目浏览器中双击"东"进入到东立面图中，选择任意一个参照平面，单击鼠标右键弹出如图 12.2-1 所示的快捷菜单，选择"在视图中隐藏"→"类别"命令，将视图中所有参照平面全部隐藏。

同理，将植物和汽车等不需要显示的图元隐藏，效果如图 12.2-2 所示。

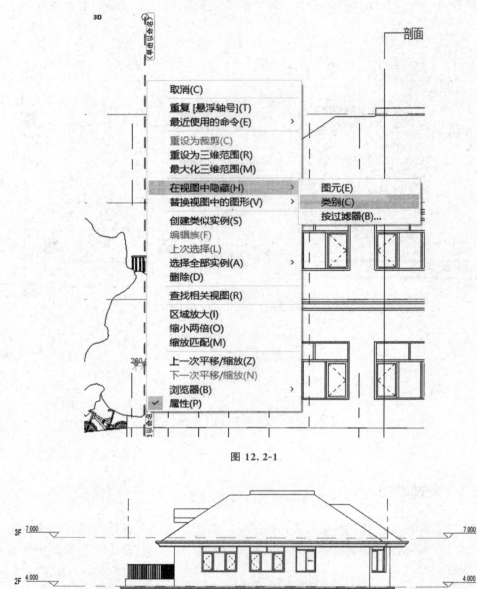

图 12.2-1

图 12.2-2

　　将不需要的图元进行隐藏后，还要对现有轴线和标高进行调整，使用前面章节中讲到的方法，单击选中Ⓐ轴线，将上部分线段的控制点拖动到一起，使上面部分的线段不可见。同样，对⑪轴线进行操作。将Ⓐ轴和⑪轴的轴号部分向下拉动，增大轴号与建筑的距离，方便进行尺寸标注。这里应注意的是，对轴号的调整同样要将其转换到"2D"状态后再进行。对于标高也要根据需要进行调整，右侧标高标注与建筑边缘距离较小不利于尺寸标注，此处也需要将右侧标高标注向右拖动，增大与建筑边缘的距离。这里同样可以使用前面章节讲到的激活裁剪区的方法，将标高统一调整为"2D状态"后再进行调整。调整后如图 12.2-3 所示。

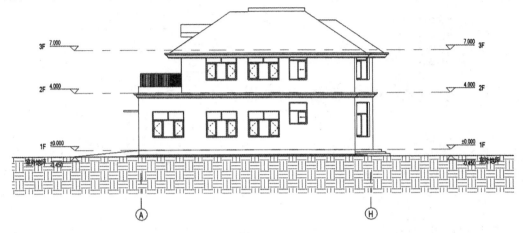

图 12.2-3

Revit 软件的标高线型图案中没有对应现行建筑工程制图规范的短直线图案，这里要进行自定义设置。如图 12.2-4 所示，单击"管理"选项卡"设置"面板中的"其他设置"下拉按钮，在弹出的下拉列表中选择"线型图案"，弹出"线型图案"对话框。在"线型图案"对话框中单击"新建"按钮，在弹出的"线型图案属性"对话框中输入名称为"标高线"，类型中设置"1：圆点"，"2：空间"，空间值为"200"，如图 12.2-5 所示。

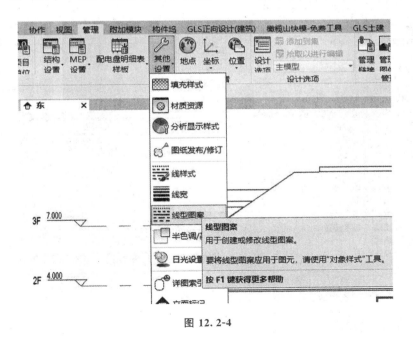

图 12.2-4

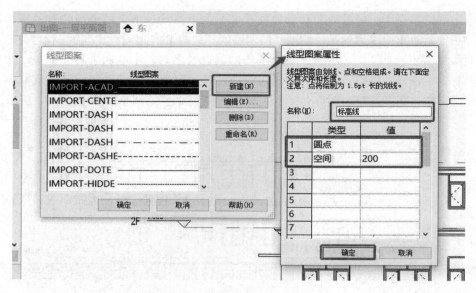

图 12.2-5

设置完成后单击"确定"按钮。在绘图区域单击选中行标高线，在"属性"面板中单击"编辑类型"按钮，弹出"类型属性"对话框，如图 12.2-6 所示。在"线型图案"下拉列表中选中刚刚自定义的标高线，单击"确定"按钮。

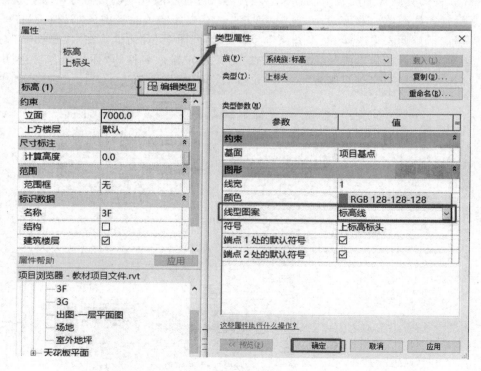

图 12.2-6

调整好后的视图如图 12.2-7 所示。

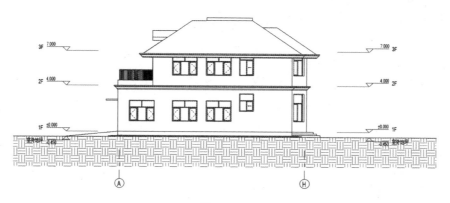

图 12.2-7

12.2.2 尺寸标注

单击"注释"选项卡"尺寸标注"面板中的"对齐"按钮，对视图中的轴网及标高进行尺寸标注，完成后如图 12.2-8 所示。

图 12.2-8

12.2.3 高程点标注

单击"注释"选项卡"尺寸标注"面板中的"高程点"按钮，在立面视图所示位置放置高程点，如图 12.2-9 所示。

12.2.4 立面底线的处理

单击"注释"选项卡"详图"面板中的"区域"下拉按钮，在弹出的下拉列表中选择"遮罩区域"，如图 12.2-10 所示。

在立面视图中使用"绘制线"或"拾取线"命令，将不需要显示的部分轮廓进行绘制，如图 12.2-11 所示。

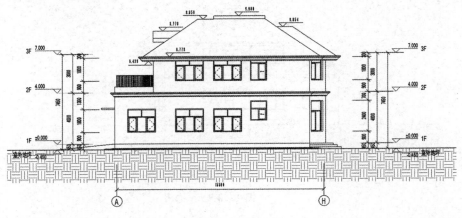

图 12. 2-9

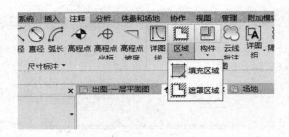

图 12. 2-10

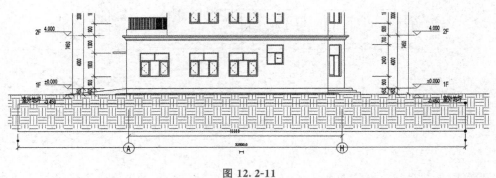

图 12. 2-11

单击"完成编辑模式"按钮，完成后的视图如图 12.2-12 所示。

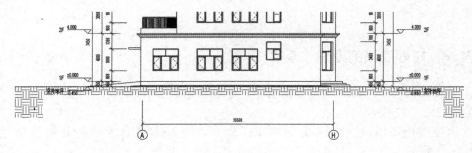

图 12. 2-12

这里如果仅仅是对场地剖面厚度的调节，也可以在场地功能中进行设置。单击"体量与场地"选项卡"场地建模"面板右下角的小箭头，打开"场地设置"对话框，如图 12.2-13 所示，在该对话框中对剖面中的场地剖面图案和厚度进行设置。

图 12.2-13

12.3　剖面图出图

12.3.1　创建剖面视图

在项目浏览器中双击"楼层平面"下的"出图--一层平面图"，进入视图，单击"视图"选项卡"创建"面板中的"剖面"按钮，在图 12.3-1 所示的位置绘制一条剖面线。

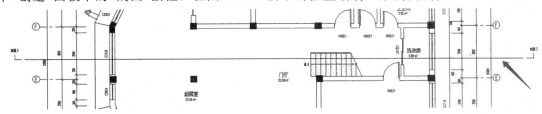

图 12.3-1

单击选择该剖面线，在线段中间的折断号处单击，如图 12.3-2 所示。在剖面线中部拆分线段，拆分后单击拖曳点，如图 12.3-3 所示。将拖曳点重合，完成后如图 12.3-4 所示。

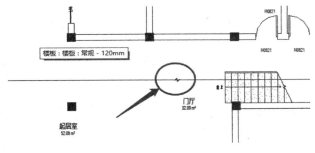

图 12.3-2

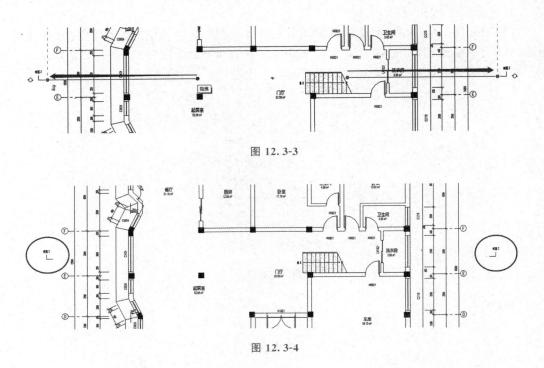

图 12.3-3

图 12.3-4

12.3.2 尺寸标注

在项目浏览器中双击"剖面"下的"剖面 1",进入剖面 1 视图,同上面章节所讲的操作,将视图中的参照平面、植物及汽车等隐藏并对标高线等进行位置调整。在项目浏览器中右击"剖面 1"选择"重命名",将视图命名为"I—I 剖面",如图 12.3-5 所示。

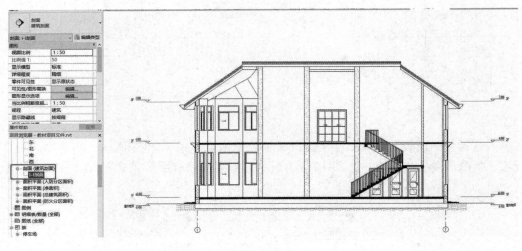

图 12.3-5

单击"注释"选项卡"尺寸标注"面板中的"对齐"按钮,对视图中的轴网及标高进行尺寸标注,如图 12.3-6 所示。

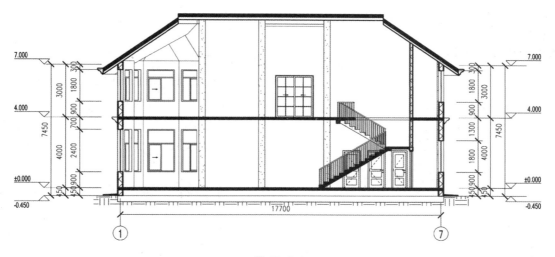

图 12.3-6

12.3.3　高程点标注

　　单击"注释"选项卡"尺寸标注"面板中的"高程点"按钮，在 I—I 剖面视图中放置高程点，完成后如图 12.3-7 所示。

图 12.3-7

第13章

成果输出与明细表

13.1 图纸设置与制作

13.1.1 创建图纸

单击"视图"选项卡"图纸组合"面板中的"图纸"按钮，如图 13.1-1 所示。在弹出的"新建图纸"对话框中选择"A1 公制"，如图 13.1-2 所示。完成后如图 13.1-3 所示。

图 13.1-1

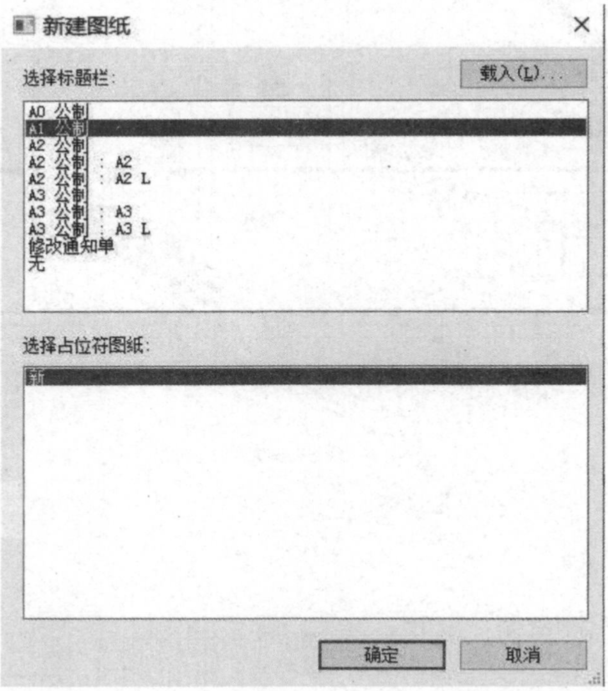

图 13.1-2

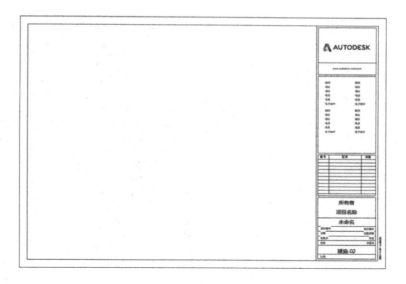

图 13. 1-3

在项目浏览器中选择新建的图纸，单击鼠标右键选择"重命名"，在弹出的"图纸标题"对话框中修改其图纸标题如图 13.1-4 所示。

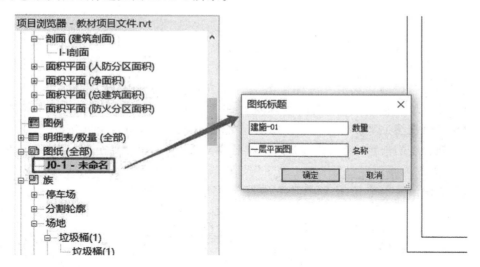

图 13. 1-4

在项目浏览器中双击"图纸（全部）"下的"建施-01-一层平面图"，进入视图，然后在项目浏览器中选择"出图-一层平面图"，将其拖曳至绘图区域的图纸中，如图 13.1-5 所示。

【注意】每张图纸可布置多个视图，但每个视图仅可以放置到一张图纸上，要在项目的多张图纸中添加特定视图，可在项目浏览器中该视图的名称上单击鼠标右键，在弹出的快捷菜单中选择"复制视图"→"复制作为相关"选项，创建视图副本，视图副本可以布置在不同图纸上。除图纸视图外，明细表视图、渲染视图、三维视图等也可以直接拖曳到图纸中。

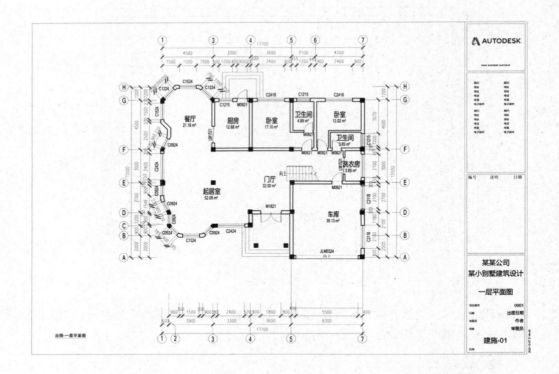

图 13.1-5

　　如需修改视口比例，双击视图即可激活视图或者在图纸中选择视口并单击鼠标右键，在弹出的快捷菜单中选择"激活视图"，如图 13.1-6 所示。此时，"图纸标题栏"灰显，单击绘图区域左下角视图控制栏中的"比例"工具，如图 13.1-7 所示，将弹出比例下拉列表，可以选择下拉列表中的任意比例值，也可以选择"自定义"选项，在弹出的"自定义比例"对话框中将"100"更改为新值，然后单击"确定"按钮。比例设置完成后，在视图中单击鼠标右键，在弹出的快捷菜单中选择"取消激活视图"，完成比例的设置。

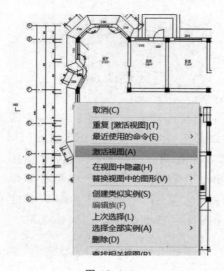

图 13.1-6

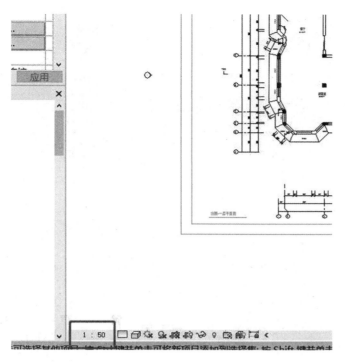

图 13. 1-7

13. 1. 2 图纸处理

在项目浏览器中双击"建施-01-一层平面图",进入视图,选择一层平面图,然后单击"属性"面板类型选择器中的"有线条的标题",如图 13. 1-8 所示。

双击视口,激活视图,如图 13. 1-9 所示勾选"裁剪视图"和"裁剪区域可见"选项,调整裁剪区域,将轴网及尺寸标注调整至适当位置,使视口在图纸中位置适中。

图 13. 1-8

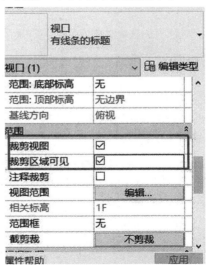

图 13. 1-9

13.1.3 设置项目信息

单击"管理"选项卡"设置"面板中的"项目信息"按钮，如图 13.1-10 所示。

图 13.1-10

在弹出的"项目信息"对话框中录入项目信息，单击"确定"按钮完成录入，如图 13.1-11 所示。

图纸里的"绘图员""校核"等内容可在图纸属性中进行修改，如图 13.1-12 所示。

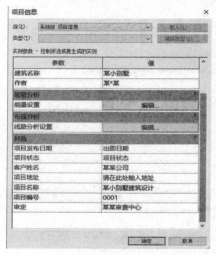

图 13.1-11

图 13.1-12

13.1.4 图例视图

(1)创建图例视图。单击"视图"选项卡"创建"面板中的"图例"按钮，如图 13.1-13 所示，在弹出的"新图例视图"对话框中输入名称为"门窗图例"，单击"确定"按钮完成视图图例的创建，如图 13.1-14 所示。

图 13.1-13

图 13. 1-14

（2）选取图例构件。在项目浏览器中，双击进入"图例 1"视图，单击"注释"选项卡"详图"面板中的"构件"下拉按钮，在弹出的下拉列表中选择"图例构件"，如图 13.1-15 所示。

图 13. 1-15

按图 13.1-16 所示内容对选项栏进行设置，可进行视图及族的选择，完成后在"图例 1"视图中放置图例。

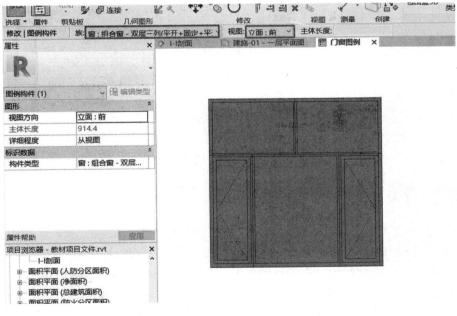

图 13. 1-16

(3)添加图例注释。使用文字及尺寸标注命令，按图示内容为其添加注释说明，如图 13.1-17 所示。

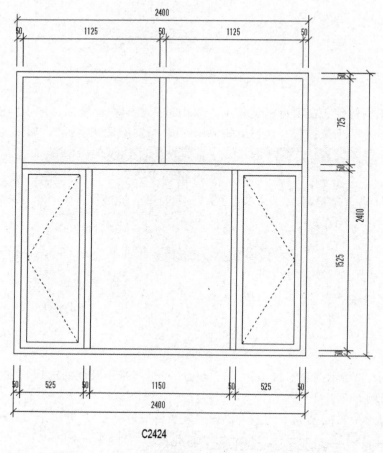

图 13.1-17

13.2　图纸导出与打印

13.2.1　导出 DWG 与导出设置

Revit 软件中所有的平面、立面、剖面、三维视图及图纸等都可以导出为 DWG 格式图形，而且导出后的图层、线型、颜色等可以根据需要在 Revit 软件中自行设置。

首先，打开要导出的视图，在项目浏览器中展开"图纸（全部）"选项，双击图纸名称"建施-01-一层平面图"，打开图纸视图。

在应用程序菜单中执行"文件"→"导出"→"CAD 格式"→"DWG"命令，弹出"DWG 导出"对话框，如图 13.2-1 所示。

图 13.2-1

在"DWG 导出"对话框中单击"修改导出设置"按钮，弹出"修改 DWG/DXF 导出设置"对话框，如图 13.2-2 和图 13.2-3 所示，进行相关修改后单击"确定"按钮。

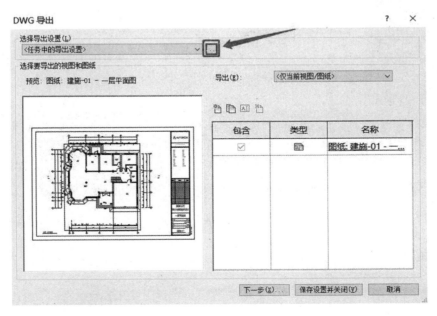

图 13.2-2

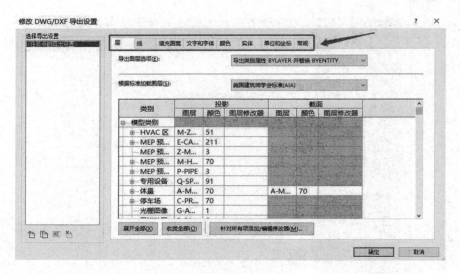

图 13.2-3

在"DWG 导出"对话框中单击"下一步"按钮，在弹出的"导出 CAD 格式－保存到目标文件夹"对话框的"保存于"下拉列表中设置保存路径，在"文件类型"下拉列表中选择相应CAD 格式文件的版本，在"文件名/前缀"文本框中输入文件名称，如图 13.2-4 所示。

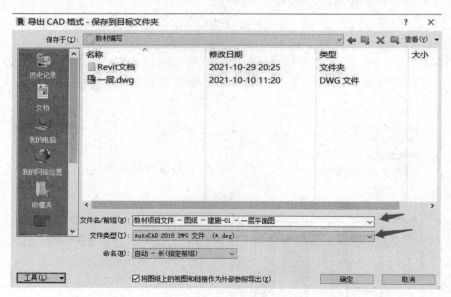

图 13.2-4

单击"确定"按钮，完成 DWG 文件的导出。

13.2.2 打印

在应用程序菜单中执行"打印"→"打印"命令，弹出"打印"对话框，如图 13.2-5 所示。

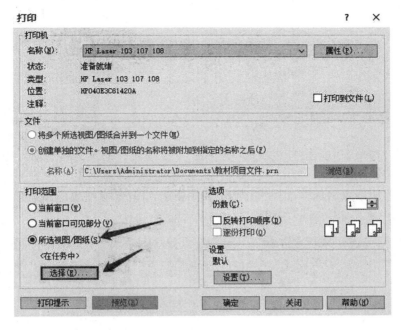

图 13.2-5

单击"选择"按钮，弹出"视图/图纸集"对话框，取消勾选"视图"，再单击"选择全部"按钮，单击"确定"按钮关闭对话框，如图 13.2-6 所示。

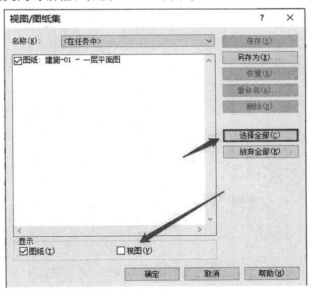

图 13.2-6

在"名称"下拉列表中选择可用的打印机名称。

单击"名称"后的"属性"按钮，弹出打印机的"文档属性"对话框。在该对话框中可设置"布局方向"及"纸张规格"等，单击"确定"按钮，返回"打印"对话框。

单击"确定"按钮，即可自动打印图纸。

13.3 明细表

13.3.1 建筑构件明细表

单击"视图"选项卡"创建"面板中的"明细表"下拉按钮，在弹出的下拉列表中选择"明细表/数量"选项，如图 13.3-1 所示。在弹出的"新建明细表"对话框中选择要统计的构件类别，如窗，设置明细表名称，选择"建筑构件明细表"，设置明细表应用阶段，单击"确定"按钮，如图 13.3-2 所示，弹出"明细表属性"对话框。

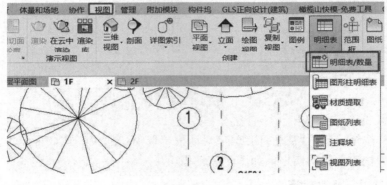

图 13.3-1

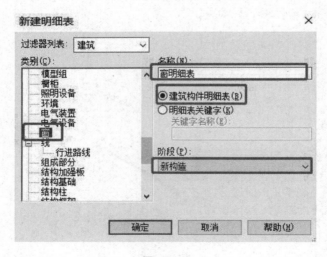

图 13.3-2

（1）"字段"选项卡：从"可用的字段"列表框中选择要统计的字段，单击"添加"按钮移动到"明细表字段"列表框中，利用"上移""下移"命令调整字段顺序，如图 13.3-3 所示。

图 13.3-3

增加楼层统计项，单击"新建参数"按钮，在弹出的"参数属性"对话框中分别添加 1F 和 2F 两个参数，如图 13.3-4 所示。完成后如图 13.3-5 所示。

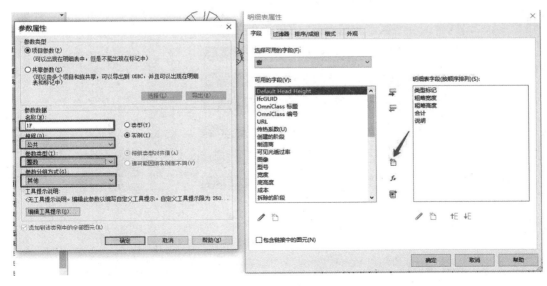

图 13.3-4

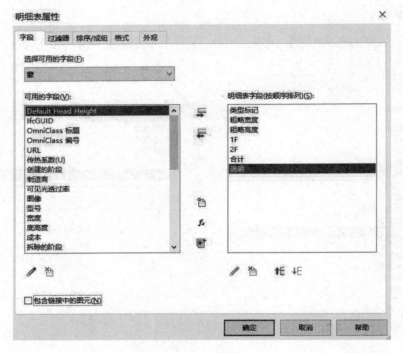

图 13.3-5

(2)"过滤器"选项卡：设置过滤器可以统计其中部分构件，不设置则统计全部构件，如图 13.3-6 所示。

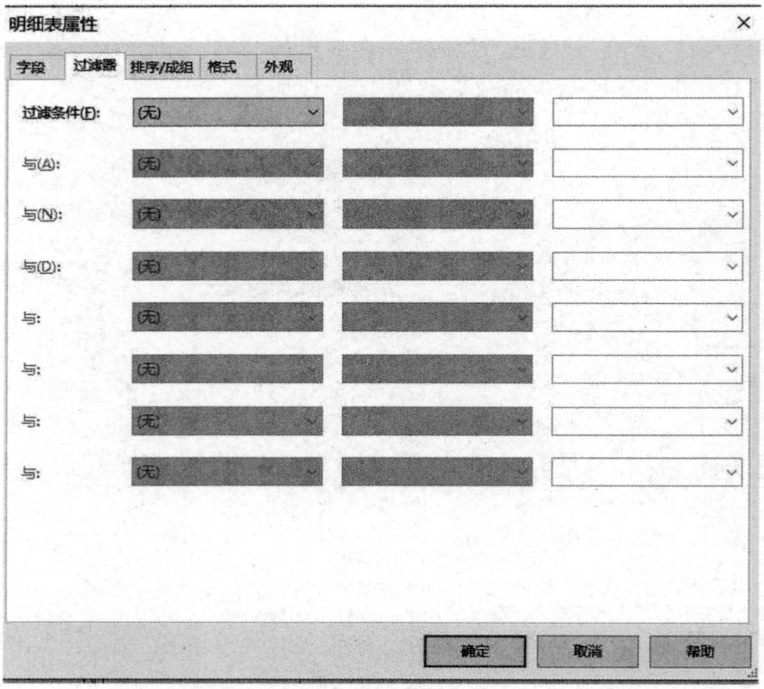

图 13.3-6

（3）"排序/成组"选项卡：设置排序方式，勾选"总计"复选框，如图 13.3-7 所示。

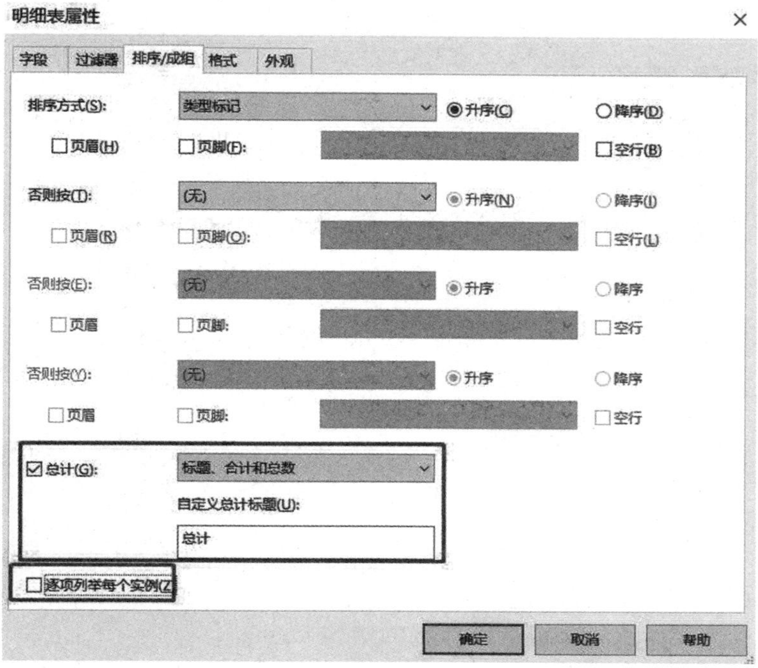

图 13.3-7

（4）"格式"选项卡：设置字段在表格中的标题名称（字段和标题名称可以不同，如"类型标记"可修改为窗编号）、标题方向、对齐方式等，需要时可勾选"在图纸上显示条件格式"复选框，在下拉选项中选择"计算总数"，如图 13.3-8 所示。

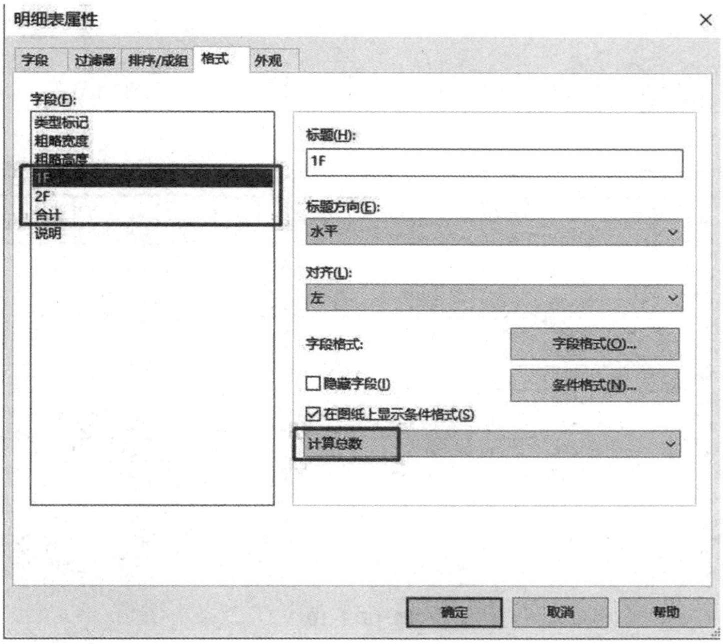

图 13.3-8

(5)“外观”选项卡：设置表格线宽、标题和正文文字字体与大小等，如图 13.3-9 所示。

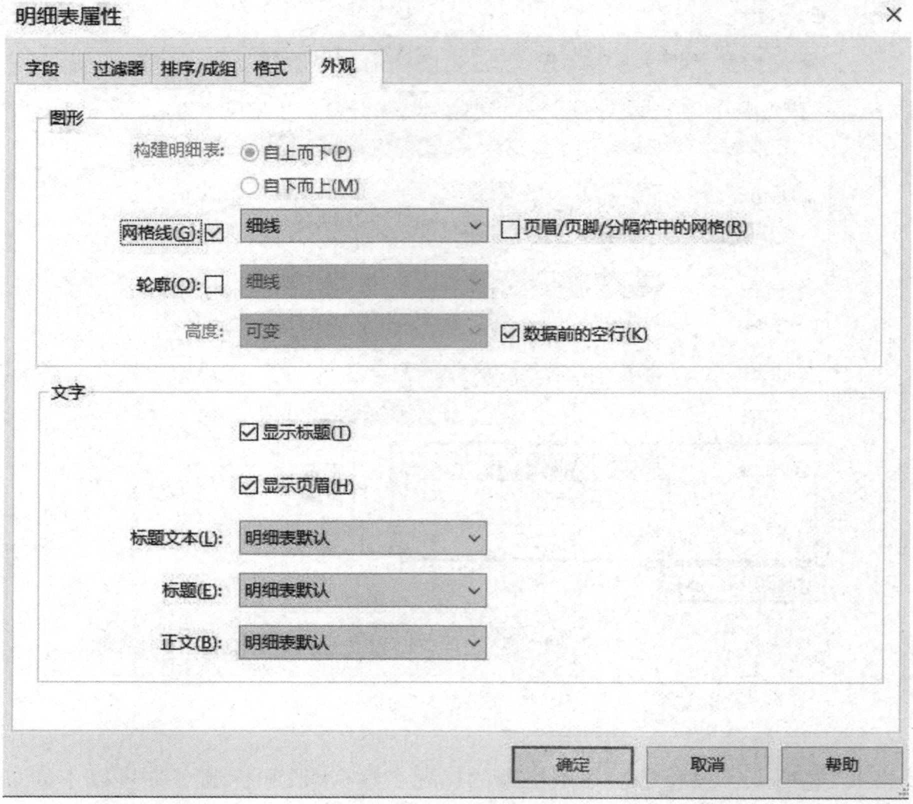

图 13.3-9

(6)单击“确定”按钮，最终生成明细表如图 13.3-10 所示。

建施-01 - 一层平面图　1F　2F　窗明细表

<窗明细表>

A	B	C	D	E	F	G
窗编号	粗略宽度	粗略高度	1F	2F	合计	说明
C0918	900	1800	0	0	3	
C0924	900	2400	0	0	6	
C1215	1200	1500	0	0	3	
C1218	1200	1800	0	0	4	
C1224	1200	2400	0	0	2	
C1518	1500	1800	0	0	1	
C1520	1200	1800	0	0	1	
C1524	1500	2400	0	0	3	
C2118	2100	1800	0	0	5	
C2418	2400	1800	0	0	8	
C2422	600	600	0	0	1	
C2424	2400	2400	0	0	2	
总计: 39			0	0	39	

图 13.3-10

　　生成的明细表中并没有将对应楼层的窗数量进行统计，回到一层平面视图中，利用过滤器将一层的全部窗都选中，在"属性"面板的"其他"项中将出现的"1F"后面写入"1"。再回到二层平面视图中，利用过滤器将二层的全部窗都选中，在"属性"面板的"其他"项中将出现的"2F"后面写入"2"，如图 13.3-11 和图 13.3-12 所示。

图 13.3-11　　　　　　　　　　　　　图 13.3-12

　　在项目浏览器中找到"明细表/数量（全部）"，在下拉列表中找到刚创建的"窗明细表"，双击打开，如图 13.3-13 所示。

			<窗明细表>			
A	B	C	D	E	F	G
窗编号	粗略宽度	粗略高度	1F	2F	合计	说明
C0918	900	1800	0	3	3	
C0924	900	2400	6	0	6	
C1215	1200	1500	3	0	3	
C1218	1200	1800	0	4	4	
C1224	1200	2400	2	0	2	
C1518	1500	1800	0	1	1	
C1520	1200	1800	0	1	1	
C1524	1500	2400	3	0	3	
C2118	2100	1800	3	2	5	
C2418	2400	1800	2	6	8	
C2422	600	600	0	1	1	
C2424	2400	2400	2	0	2	
总计: 39			21	17	39	

图 13.3-13

　　"窗明细表"中说明的内容可以根据需要，在创建对应窗类型时在"类型属性"对话框中直接设置好即可。

13.3.2　材质明细表

　　单击"视图"选项卡"创建"面板中的"明细表"下拉按钮，在弹出的下拉列表中选择"材质提取"选项，在弹出的"新建材质提取"对话框中选择要统计的构件类别，例如墙，设置明细表名称，设置明细表应用阶段，单击"确定"按钮，如图 13.3-14 所示。

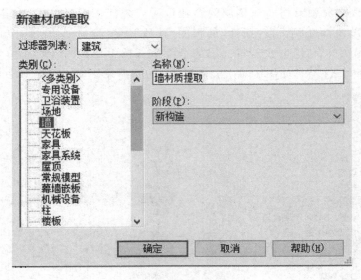

图 13.3-14

(1)"字段"选项卡：从"可用的字段"列表框中选择要统计的字段，单击"添加"按钮移动到"明细表字段"列表框中，利用"上移""下移"命令调整字段顺序，如图 13.3-15 所示。

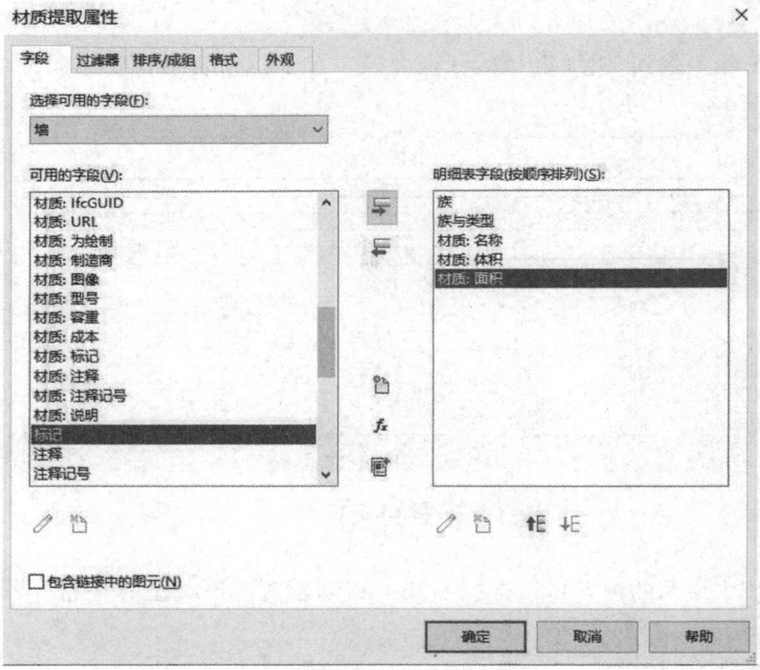

图 13.3-15

(2)"过滤器"选项卡：设置过滤器可以统计其中部分构件，不设置则统计全部构件，如图 13.3-16 所示。

图 13.3-16

（3）"排序/成组"选项卡：设置排序方式，勾选"总计"和"逐项列举每个实例"复选框，如图 13.3-17 所示。

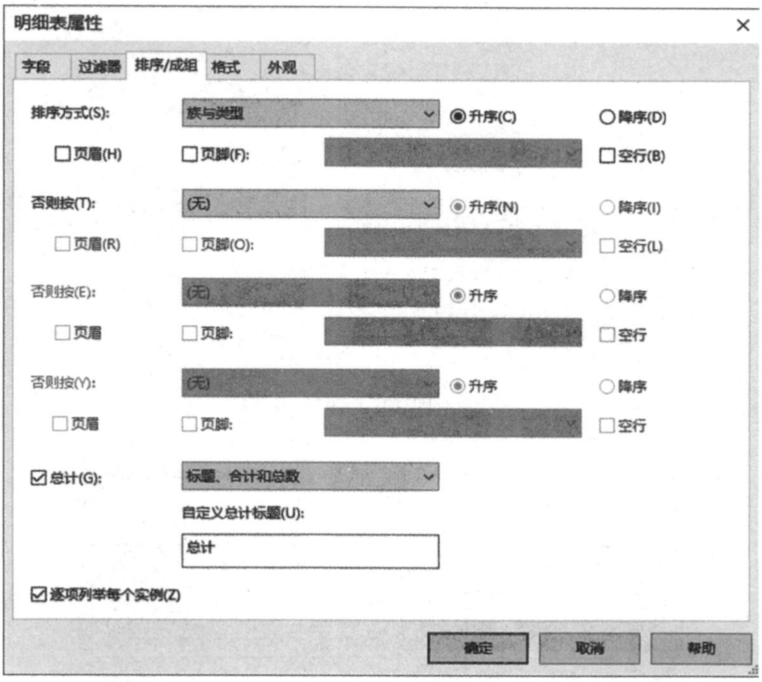

图 13.3-17

(4)"格式"选项卡：设置字段在表格中的标题名称(字段和标题名称可以不同，如"族"可修改为墙类型)、标题方向、对齐方式等，需要时可勾选"在图纸上显示条件格式"复选框，在下拉列表中选择"计算总数"，如图 13.3-18 所示。

图 13.3-18

(5)"外观"选项卡：设置表格线宽、标题和正文文字字体与大小等，如图 13.3-19 所示。单击"确定"按钮，创建表格如图 13.3-20 所示。

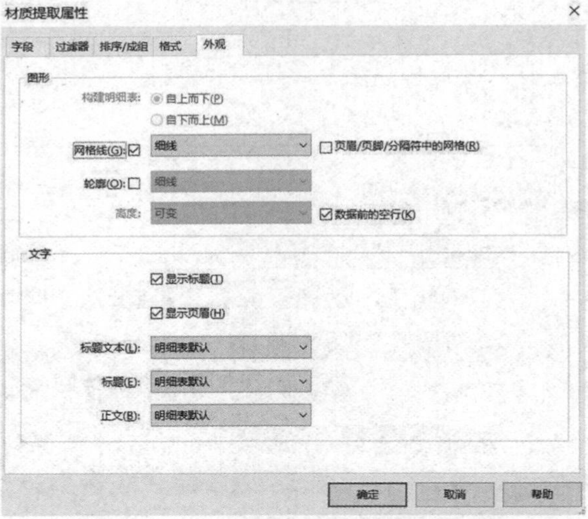

图 13.3-19

<墙材质提取>				
A	B	C	D	E
族	族与类型	材质:名称	材质:体积	材质:面积
基本墙	基本墙:内墙240		82.50	1323.29
基本墙	基本墙:内部 - 砌		10.52	192.62
基本墙	基本墙:外墙300		99.13	1674.94
基本墙	基本墙:常规 - 20	默认墙	0.22	1.32
总计: 337			192.36	3192.17

图 13.3-20

13.3.3　明细表的导出

　　打开要导出的明细表，在应用程序菜单中执行"导出"→"报告"→"明细表"命令，如图 13.3-21 所示。在"导出明细表"对话框中指定明细表的名称和保存的路径，单击"保存"按钮将该明细表保存为分隔符文本，如图 13.3-22 所示。

图 13.3-21

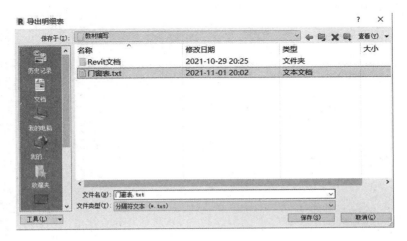

图 13.3-22

在弹出的"导出明细表"对话框中设置明细表外观和输出选项，单击"确定"按钮，完成导出，如图 13.3-23 所示。

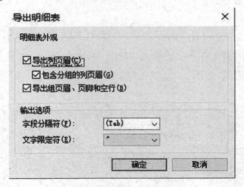

图 13.3-23

启动 Microsoft Excel 或其他电子表格程序，打开导出的明细表，即可进行任意编辑修改。

第 14 章

渲染与漫游

14.1　渲染

在项目浏览器中打开一个平面视图、剖面视图或立面视图，单击"视图"选项卡"创建"面板"三维视图"下拉按钮，在弹出的下拉列表中选择"相机"选项，如图 14.1-1 所示。

图 14.1-1

在平面视图绘图区域中单击鼠标放置相机，并用光标拖曳到所需目标点。如果不勾选选项栏中的"透视图"选项，则创建的视图为正交三维视图，不是透视视图。偏移值为视线高度，如图 14.1-2 所示。

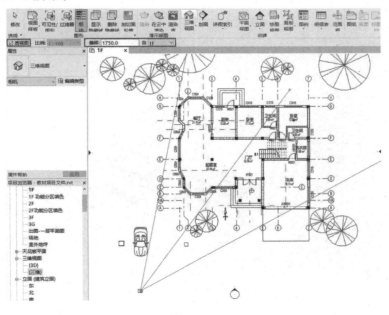

图 14.1-2

单击放置相机视点，将鼠标光标向上移动，超过建筑最上端，选择三维视图的视口，视口各边出现 4 个蓝色控制点，单击上边控制点向上拖曳，直至超过屋顶，单击拖电左右两边控制点，超过建筑后释放鼠标，视口被放大。至此就创建了一个正面相机透视图，如图 14.1-3 所示。

图 14.1-3

在立面视图中按住相机可以上下移动，相机的视口也会跟着上下摆动，以此可以创建鸟瞰透视图或仰视透视图，如图 14.1-4 所示。

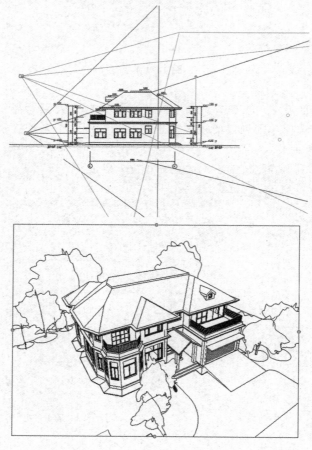

图 14.1-4

14.1.2　渲染设置

在"视图"选项卡"演示视图"面板中单击"渲染"按钮，弹出"渲染"对话框。"渲染"对话框中各选项的功能如图 14.1-5 所示。

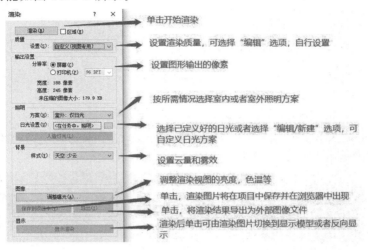

图 14.1-5

在"渲染"对话框"照明"选项组的"方案"下拉列表中选择"室外：仅日光"选项。

在"日光设置"下拉列表中选择"编辑/新建"选项，打开"日光位置"对话框，"日光研究"选择静止。

在"日光设置"对话框右边的"设置"栏下面选择地点、日期和时间，单击"地点"后面的三点按钮，弹出"位置、气候和场地"对话框。在该对话框"项目地址"栏中搜索"北京，中国"，经度、纬度将自动调整为北京的信息，勾选"使用夏令时"复选框。单击"确定"按钮关闭对话框，回到"日光设置"对话框。

单击"日期"后的下拉按钮，设置日期为"2021-11-03"，单击时间的小时数值，输入"9"，单击分钟数值输入"50"，如图 14.1-6 所示。单击"确定"按钮返回"渲染"对话框。

图 14.1-6

在"渲染"对话框"质量"选项区域的"设置"下拉列表中选择"高"选项。

设置完成后，单击"渲染"按钮开始渲染，并弹出"渲染进度"对话框，显示渲染进度，如图 14.1-7 所示。

图 14.1-7

【注意】可随时单击"停止"按钮或按 Esc 键结束渲染。

勾选"渲染进度"对话框中的"当渲染完成时关闭对话框"复选框，则渲染完成后此工具条自动关闭。渲染结果如图 14.1-8 所示。

图 14.1-8

14.2 漫游

14.2.1 创建漫游

在项目浏览器中双击"1F"，打开一层平面视图。单击"视图"选项卡"创建"面板中的"三维视图"下拉按钮，在弹出的下拉列表中选择"漫游"选项，如图 14.2-1 所示。

图 14.2-1

【注意】选项栏中可以设置路径的高度，默认为 1 750，可单击修改其高度，如图 14.2-2 所示。

图 14.2-2

　　将光标移至绘图区域，在一层平面视图中小别墅南面中间位置单击，开始绘制路径，即漫游所要经过的路径，路径围绕别墅一周后，单击"完成漫游"按钮或按 Esc 键完成漫游路径的绘制，如图 14.2-3 所示。

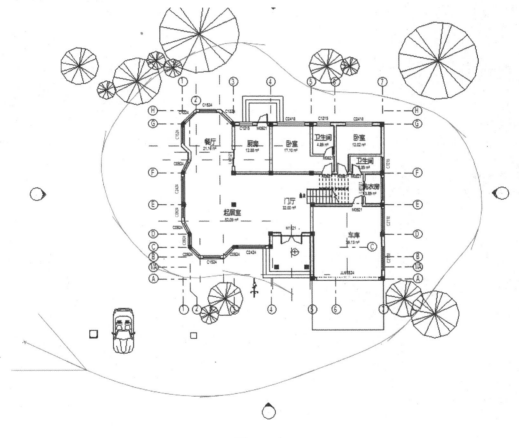

图 14.2-3

　　完成路径后，项目浏览器中出现"漫游"项，此时"漫游"项显示的名称是"漫游 1"，双击"漫游 1"打开漫游视图。

14.2.2　修改漫游路径

　　创建好漫游路径以后，在项目浏览器的三维视图下面，可以找到新创建的漫游视图。双击打开此漫游视图，并单击选中视图框，在弹出的"修改 | 相机"上下文功能区选项卡"漫游"面板中单击"编辑漫游"按钮，即可以对此漫游进行编辑，如图 14.2-4 所示。

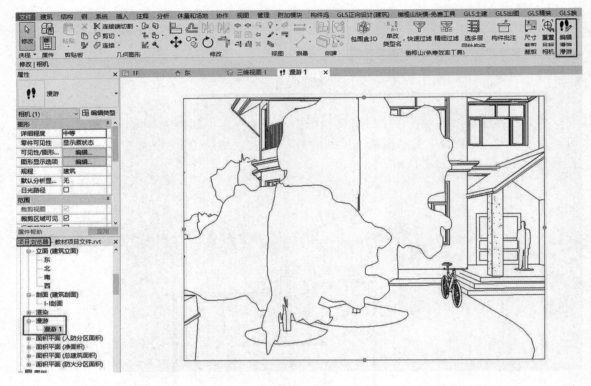

图 14.2-4

在"编辑漫游"上下文功能区选项卡里，单击"重设相机"按钮，如图 14.2-5 所示。

图 14.2-5

　　在"修改｜相机"选项栏中，可以通过下拉菜单选择修改相机、路径或关键帧。切换到一层平面视图，选择"活动相机"，选项栏中显示整个漫游路径共有 300 帧，可以通过输入帧数选择要修改的活动相机，例如"155"，相机符号退到了第 155 帧的位置。可以通过推拉相机的三角形前端的控制点，编辑相机的拍摄范围。如此反复操作，可以修改所有想修改的活动相机，如图 14.2-6 所示。

　　在"修改｜相机"选项栏"控制"下拉列表中选择"路径"，则可以通过拖曳关键帧的位置修改漫游路径，如图 14.2-7 所示。

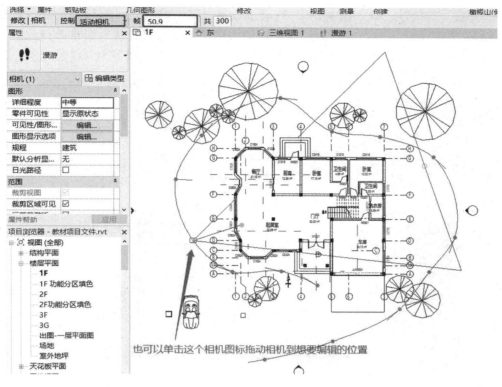

也可以单击这个相机图标拖动相机到想要编辑的位置

图 14.2-6

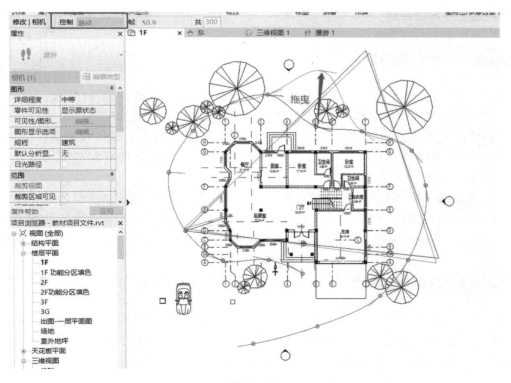

图 14.2-7

在"修改 | 相机"选项栏"控制"下拉列表中选择"添加关键帧"，则可以沿着现有路径，添加新的关键帧，如图 14.2-8 所示。添加新的关键帧可以对路径进一步推敲修改，同理，在"控制"下拉列表中也可以选择"删除关键帧"，删除已有的某个或多个关键帧。

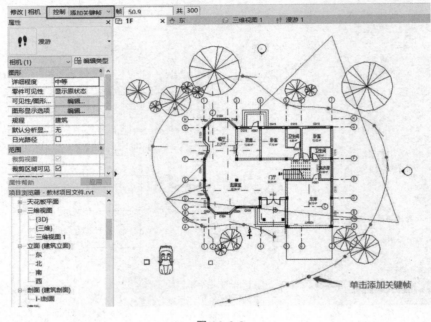

图 14.2-8

【注意】"添加关键帧"不可以用于延长路径，所以，现有路径以外不可以"添加关键帧"。

14.2.3 修改漫游帧

在"修改 | 相机"选项栏中单击最右侧的文本框"300"，激活"漫游帧"对话框。在"漫游帧"对话框中可以修改漫游的总帧数和漫游速度。如果勾选"匀速"复选框，则只可以通过"帧/秒"设定平均速度，每秒几帧，如果不勾选"匀速"复选框，则可以控制每个关键帧直接的速度。用户可以通过"加速器"为关键帧设定速度，此数值有效范围为 0.1 ~ 10，如图 14.2-9 所示。

为了更好地掌握沿着路径的相机位置，可以通过勾选"指示器"复选框，并设定"帧增量"来设定相机指示符。如图 14.2-9 所示，"帧增量"为 5，则相机指示符显示如图 14.2-10 所示。如果希望减少相机指示符的密度，可将"帧增量"设定得大些。

14.2.4 控制漫游播放

由于在平面视图中编辑漫游不够直观，故在编辑漫游时，需要通过播放漫游来审核漫游效果，再切换到路径和相机中去进一步编辑。在"编辑漫游"选项卡中，可以通过"播放"按钮播放整个漫游效果，或者通过"上一关键帧""下一关键帧""上一帧"和"下一帧"等按钮，切换播放的起始位置，如图 14.2-11 所示。

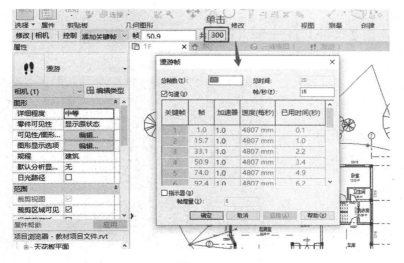

图 14.2-9

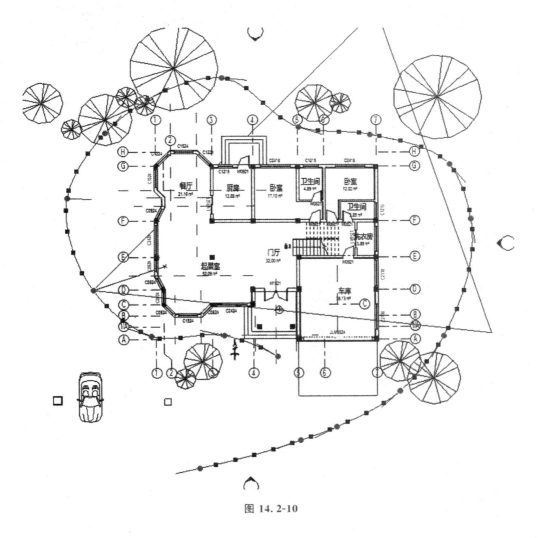

图 14.2-10

图 14.2-11

14.2.5 导出漫游

漫游编辑完毕以后，就可以选择将其导出成视频文件或图片文件了。执行"文件"→"导出"→"图像和动画"→"漫游"命令，打开"长度/格式"对话框，如图 14.2-12 所示。

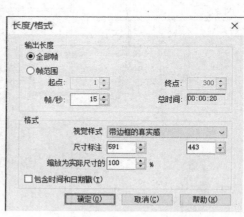

图 14.2-12

在"长度/格式"对话框中，可以选择导出"全部帧"或"帧范围"。若为后者，则在"帧范围"内设定起点帧数、终点帧数、速度和时长。在"格式"中，可以设定"视觉样式"和输出尺寸，以及是否"包含时间和日期戳"，如图 14.2-13 所示。

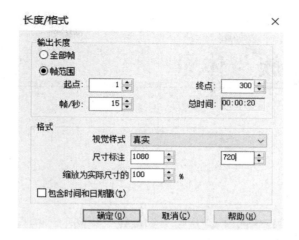

图 14.2-13

其中"帧/秒"选项用于设置导出后漫游的速度为每秒多少帧，默认为 15 帧，播放速度会比较快，建议设置为 3 帧或 4 帧，速度将比较合适。单击"确定"按钮后会弹出"导出漫游"对话框，输入文件名，并选择路径，单击"保存"按钮，弹出"视频压缩"对话框，在该对话框中默认为"全帧（非压缩的）"，产生的文件会非常大，建议在下拉列表中选择压缩模式为"Microsoft Video 1"，此模式为大部分系统可以读取的模式，同时可以减少文件大小，单击"确定"按钮将漫游文件导出为外部 AVI 文件。

在"导出漫游"对话框中，可以在文件类型下拉列表中选择导出为 AVI 视频格式，或者 JPEG、TIFF、BMP 等图片文件格式。

第15章

族与体量

15.1 族概述

所有添加到 Revit 项目中的图元(从用于构成建筑模型的结构构件、墙、屋顶、窗和门到用于记录该模型的详图索引、装置、标记和详图构件)都是使用族创建的。

通过使用预定义的族和在 Revit 中创建新族,可以将标准图元和自定义图元添加到建筑模型中。通过族,还可以对用法和行为类似的图元进行某种级别的控制,以便用户轻松地修改设计和更高效地管理项目。

族是一个包含通用属性(称为参数)集和相关图形表示的图元组。属于一个族的不同图元的部分或全部参数可能有不同的值,但是参数(其名称与含义)的集合是相同的。族中的这些变体称为族类型或类型。

例如,家具族包含可用于创建不同家具(如桌子、椅子和橱柜)的族和族类型。尽管这些族具有不同的用途并由不同的材质构成,但它们的用法却是相关的。族中的每一类型都具有相关的图形表示和一组相同的参数,称为族类型参数。

15.1.1 内建族

1. 内建族的应用范围

内建族的应用范围主要有以下几种:

(1)斜面墙或锥形墙。

(2)独特或不常见的几何图形,如非标准屋顶。

(3)不需要重复利用的自定义构件。

(4)必须参照项目中的其他几何图形的几何图形。

2. 内建族的创建

【注意】仅在必要时使用内建族。如果项目中有许多内建族,将会增加项目文件的大小并降低系统的性能。

使用建筑样板新建一个项目。创建内建族,单击"建筑"选项卡"构建"面板"构件"下拉按钮,在弹出的下拉列表中选择"内建模型"选项,如图 15.1-1 所示。在弹出的"族类别和族参数"对话框中选择族类别为"屋顶",单击"确定"按钮,得出"名称"对话框,在该对话框中输入名称为"异形屋顶 01",进入创建族模式,如图 15.1-2 所示。

图 15.1-1

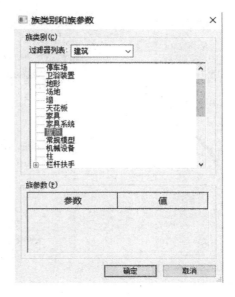

图 15.1-2

【注意】只有设置了"族类别"，才会使内建族拥有该类族的特性。在该案例中，设置"族类别"为屋顶，才能使它拥有让墙体"附着/分离"的特性等。

打开项目浏览器中的"标高 1"视图，单击"创建"选项卡"基准"面板中的"参照平面"按钮，画一条参照线，如图 15.1-3 所示。单击"工作平面"面板中的"设置"按钮，弹出"工作平面"对话框，如图 15.1-4 所示，在对话框中勾选"拾取一个平面"，单击"确定"按钮回到"标高 1"平面视图，单击选中刚才绘制的参照平面，弹出"转到视图"对话框，在"转到视图"对话框中选择"立面：北"，单击"打开视图"按钮，如图 15.1-5 所示。视图将转换到北立面视图。在北立面视图中绘制 4 个参照平面，如图 15.1-6 所示。尺寸标注是为了方便大家绘制。

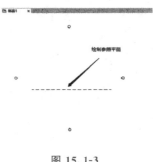

图 15.1-3

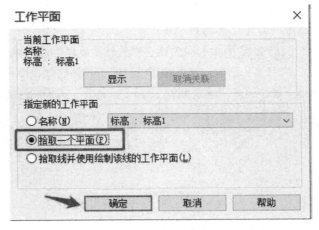

图 15.1-4

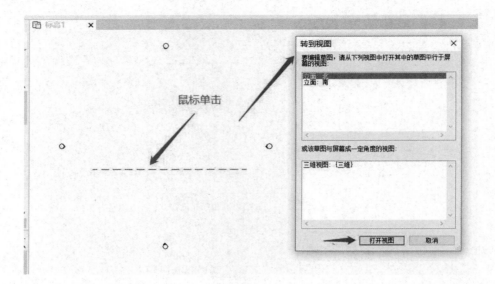

图 15.1-5

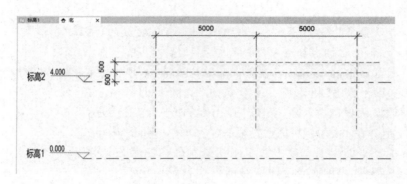

图 15.1-6

【注意】一般情况需要在立面视图上绘制拉伸轮廓时，首先在平面标高视图上通过"设置工作平面"命令来拾取一个面进入立面视图中绘制。此案例可以在平面标高视图中绘制一条参照平面作为设置工作平面时需要拾取的面。

单击"创建"选项卡"形状"面板中的"拉伸""融合""旋转""放样""放样融合"和"空心形状"等建模工具按钮，为族创建三维实体和洞口。这里使用"拉伸"工具创建屋顶形状，如图 15.1-7 所示。

图 15.1-7

单击"拉伸"按钮，在北立面视图中绘制屋顶形状，如图 15.1-8 所示，单击"完成编辑模式"按钮完成拉伸。

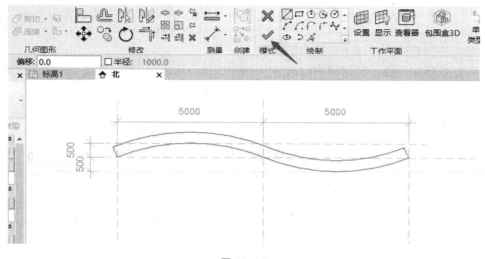

图 15.1-8

　　进入 3D 视图，通过拖曳修改屋顶长度，如图 15.1-9 所示。切换到"标高 2"平面视图，单击"创建"选项卡"形状"面板中的"空心形状"下拉按钮，在弹出的下拉列表中选择"空心拉伸"选项，绘制洞口，如图 15.1-10 所示。完成空心形状，单击"完成编辑模式"按钮。单击"几何图形"面板中的"剪切"下拉按钮，在弹出的下拉列表中选择"剪切几何图形"为屋顶开洞，完成后效果如图 15.1-11 所示。

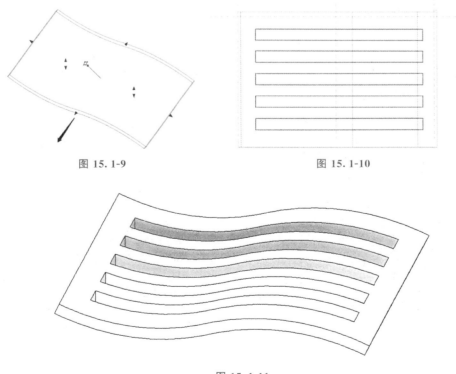

图 15.1-9　　　　　　　　　　　　　图 15.1-10

图 15.1-11

　　为几何图形指定材质,设置其"可见性/图形替换"。在模型编辑状态下单击选择屋顶,在"属性"面板上设置其材质及可见性,在"属性"面板中直接选择材质时,在完成模型后材质不能在项目中做调整,如图 15.1-12 所示。

　　如果需要调整材质,单击材质栏后的"浏览"按钮,在弹出的"材质浏览器"中添加"材质参数",如图 15.1-13 所示。

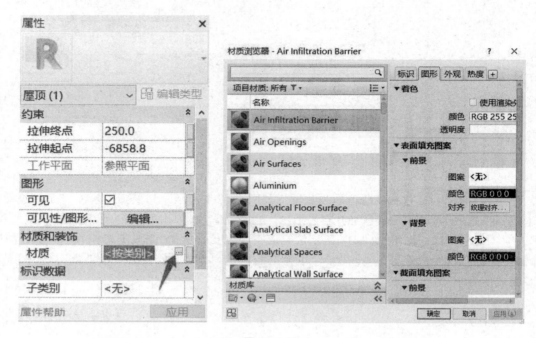

图 15.1-12

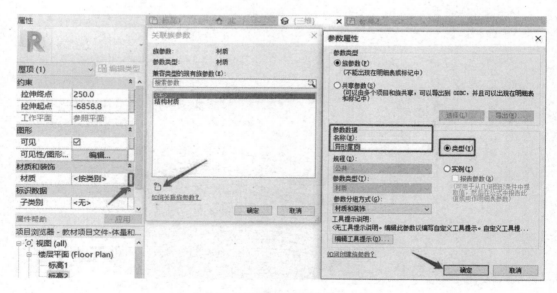

图 15.1-13

3. 内建族的编辑

(1)复制内建族。展开包含要复制的内建族的项目视图，选择内建族实例，或在项目浏览器的族类别和族下选择内建族类型。单击"剪贴板"面板中的"复制"和"粘贴"按钮，在视图放置内建族图元。

【注意】如果放置了某个内建族的多个副本，则会增加项目的文件大小。处理项目时，多个副本会降低软件的性能，具体取决于内建族的大小和复杂性。

如果要复制的内建族是在参照平面上创建的，则必须选择并复制带内建族实例的参照平面，或将内建族作为组保存并将其载入项目中。

(2)删除内建族。在项目浏览器中展开"族"和族类别，选择内建族的族类型(也可以在项目中，选择内建族图元)。然后单击鼠标右键，在弹出的快捷菜单中选择"删除"命令。

【注意】如果要从项目浏览器中删除该内建族类型，但项目中具有该类型的实例，则会显示一个警告。在警告对话框中单击"确定"按钮，则删除该类型的实例；如果单击"取消"按钮，则会修改该实例的类型并重新删除该类型。此时该内建族图元已从项目中删除，并不再显示在项目浏览器中。

(3)查看项目中的内建族。可以使用项目浏览器查看项目中使用的所有内建族。展开项目浏览器的"族"，此时显示项目中所有族类别的列表。该列表中包含项目中可能使用的所有内建族、标准构建族和系统族。

【要点】内建族将在项目浏览器的该类别下显示，并添加到该类别的明细表中，而且可以在该类别中控制该内建族的可见性。

15.1.2　系统族

1. 系统族的概念和设置

系统族包含基本建筑图元，如墙、屋顶、天花板、楼板及其他要在施工场地使用的图元。标高、轴网、图纸和视口类型的项目和系统设置也是系统族。

系统族已在 Revit 中预定义且保存在样板和项目中，系统族中至少应包含一个系统族类型，除此以外的其他系统族类型都可以删除。可以在项目和样板之间复制和粘贴或者传递系统族类型。

2. 查看项目或样板中的系统族

使用项目浏览器来查看项目或样板中的系统族和系统族类型。在项目浏览器中，展开"族"和族类别，选择墙族类型。在 Revit 中有基本墙、叠层墙和幕墙 3 个墙系统族。展开"基本墙"，此时将显示可用基本墙的列表。

3. 创建和修改系统族类型

(1)创建墙体类型。单击"建筑"选项卡"构建"面板"墙"下拉列表中的 "墙：建筑"按钮，在"属性"面板类型选择器中选择"基本墙：常规－300 mm"，在"属性"面板中单击"编辑类型"按钮，弹出"类型属性"对话框，单击"复制"按钮，创建一个新的墙类型，如图 15.1-14 所示。

(2)创建墙材质。单击"管理"选项卡"设置"面板中的"材质"按钮，弹出"材质浏览器"对话框，如图 15.1-15 所示。在名称下面的"EIFS，外部隔热层"上单击鼠标右键，在弹出的快捷菜单中选择"复制"命令，将其复制并重新命名为"外墙保温层"。也可以在"材质浏览器"对话框的左侧窗格的搜索框中输入关键字，找到想要的材质，如图 15.1-16 所示。

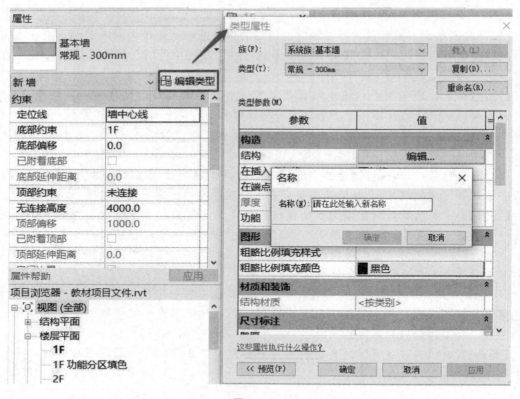

图 15.1-14

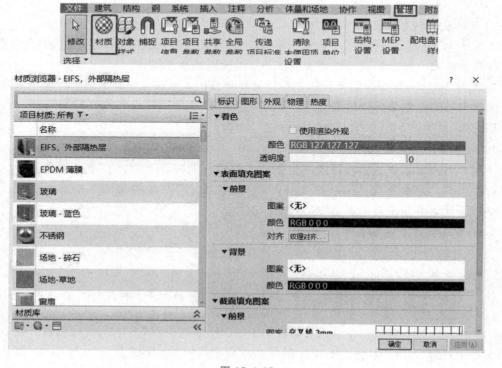

图 15.1-15

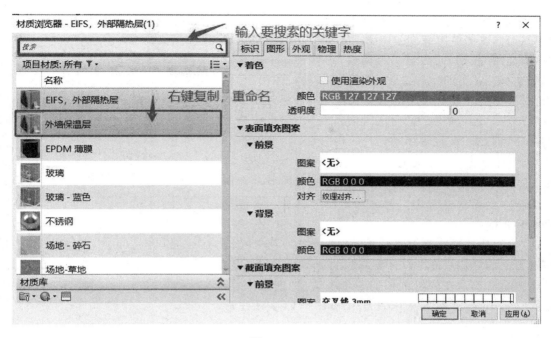

图 15.1-16

在"材质浏览器"对话框的"图形"选项卡中的"着色"选项区域，单击颜色样例，指定材质的颜色，如图 15.1-17 所示。

指定颜色后，创建表面填充图案并应用到材质，以便在将材质应用到自定义墙类型时能够产生对应的视图效果。单击"表面填充图案"选项区域中的"图案"，弹出"填充样式"对话框，在该对话框"填充图案类型"选项区域勾选"模型"单选按钮。

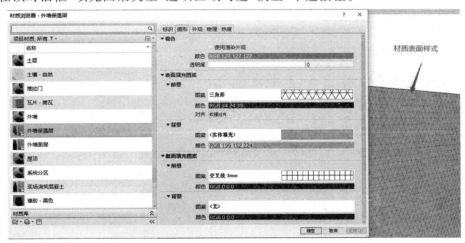

图 15.1-17

【注意】模型图案表示建筑中某图元的实际外观，在本示例中是木材覆盖层，模型图案相对于模型是固定的，即随着模型比例的调整而调整比例，同理，创建截面填充图案并应用到材质。

单击"确定"按钮，完成材质的创建。

(3)修改墙体构造。选择墙，在"属性"面板中单击"编辑类型"按钮，弹出"类型属性"对话框。单击类型参数中"构造"下的"结构"后的"编辑"按钮，弹出"编辑部件"对话框，可以通过在"层"中插入构造层来修改墙体的结构，也可以使用"向上""向下"按钮调整构造层的顺序，如图 15.1-18 所示。

图 15.1-18

4．删除项目或样板文件中系统族类型

尽管不能从项目和样板中删除系统族，但可以删除未使用的系统族类型。要删除系统族类型，可以使用两种不同的方法。

(1)在项目浏览器中选择并删除该类型。展开项目浏览器中的"族"，选择包含要删除的类型的类别和族，单击鼠标右键，在弹出的快捷菜单中选择"删除"命令或按 Delete 键，即可从项目或样板中删除该系统族类型。

【注意】如果要从项目中删除系统族类型，而项目中具有该类型的实例，则将会显示一个警告。在警告对话框中单击"确定"按钮，则删除该类型的实例，或单击"取消"按钮，修改该实例的类型并重新删除该类型。

(2)使用"清除未使用项"命令。单击"管理"选项卡"设置"面板中的"清除未使用项"按钮，弹出"清除未使用项"对话框。该对话框中列出了所有可从项目中卸载的族和族类型，包括标准构件和内建族，如图 15.1-19 所示。

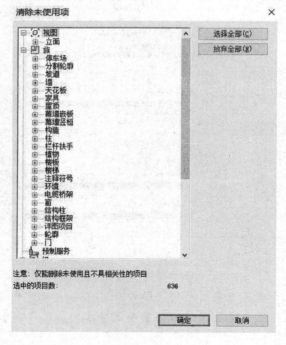

图 15.1-19

选择需要清除的类型，可以单击"放弃全部"按钮，展开包含要清除的类型的族和子族，选择类型，然后单击"确定"按钮。

【注意】如果项目中未使用任何系统族类型，则在清除族类型时将至少保留一个类型。

5. 将系统族载入到项目或样板中

(1)在项目或样板之间复制墙类型。如果仅需要将几个系统族类型载入到项目或样板中，步骤如下。

打开包含要复制的墙类型的项目或样板，再打开要将类型粘贴到其中的项目，选择要复制的墙类型，单击"剪贴板"面板中的"复制到剪贴板"按钮，如图 15.1-20 所示。

图 15.1-20

单击"视图"选项卡"窗口"面板中的"切换窗口"按钮，如图 15.1-21 所示。

选择视图中要将墙粘贴到其中的项目。单击"修改｜墙"上下文功能区选项卡"剪贴板"面板中的"粘贴"按钮，此时，墙类型将被添加到另一个项目中，并显示在项目浏览器中，如图 15.1-22 所示。

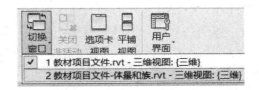

图 15.1-21 　　　　　　　图 15.1-22

(2)在项目或样板之间传递系统族类型。如果要传递许多系统族类型或系统设置(如需要创建新样板)，假设要把项目 2 中的系统族类型传递到项目 1 中，步骤如下。

分别打开项目 1 和项目 2，把项目 1 切换为当前窗口，单击"管理"选项卡"设置"面板中的"传递项目标准"按钮，如图 15.1-23 所示，在弹出的"选择要复制的项目"对话框中，"复制自"选择"项目 2"。

单击"放弃全部"按钮，仅选择需要传递的系统族类型，然后单击"确定"按钮，如图 15.1-24 所示。

图 15.1-23

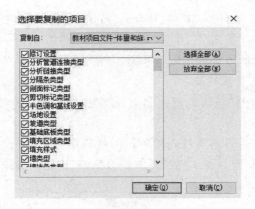

图 15.1-24

【提示】可以把常用的系统族(如墙、天花板、楼梯等)分类集中存储为一个单独的文件,需要调用时,打开该文件,通过"复制到剪贴板""粘贴"命令或"传递项目标准"命令,即可应用到项目中。

15.1.3 标准构件族

1. 标准构件族的概念

标准构件族是用于创建建筑构件和一些注释图元的族。标准构件族包括在建筑内和建筑周围安装的建筑构件,如窗、门、橱柜、装置、家具和植物。此外,标准构件族还包含一些常规自定义的注释图元,如符号和标题栏。标准构件族具有高度可自定义的特征,标准构件族是在外部"rfa"文件中创建的,可导入(载入)到项目中。

创建标准构件族时,需要使用软件提供的族样板,族样板中包含有关要创建的族的信息。先绘制族的几何图形,使用参数建立族构件之间的关系,创建其包含的变体或族类型,确定其在不同视图中的可见性和详细程度。完成族后,需要在项目中对其进行测试,然后才能使用。

Revit 软件中包含族库,用户可以直接调用。另外,还可以从一些网站下载符合我国标准的族库和材质库,包括建筑构件族、环境构件族、系统族、建筑设备族等,能够很好地满足设计要求,提高工作效率。

2. 构件族在项目中的使用

(1)使用现有的构件族。Revit 软件中包含大量预定义的构件族。这些族的一部分已经预先载入到样板中,单击"插入"选项卡"从库中载入"面板中的"载入族"按钮,如图 15.1-25 所示,弹出"载入族"对话框。

图 15.1-25

而其他族则可以从 Revit 软件包含的 Revit 英制库、公制库或个人制作的族库中导入。用户可以在项目中载入并使用这些族及其类型。

(2)查看和使用项目或样板中的构件族。单击展开项目浏览器中的"族"列表，直接点选图元拖曳到项目中，或者单击项目中的构件族，在"属性"面板中修改图元类型。

展开项目浏览器中的"族"列表，单击选中构件族，单击鼠标右键，在弹出的快捷菜单中选择"创建实例"命令，此时在项目中创建该实例。

3. 构件族制作的基础知识

(1)族编辑器的概念。族编辑器是 Revit 软件中的一种图形编辑模式，使用户能够创建可引入到项目中的族。当开始创建族时，在族编辑器中打开要使用的族样板。族样板可以包括多个视图，如平面视图和立面视图等。族编辑器与 Revit 软件中的项目环境具有相同的外观和特征，但在各个设计栏选项卡中包括的命令不同。

(2)访问族编辑器的方法。打开或创建新的族(.rfa)文件，如图 15.1-26 所示。选择使用构件或内建族类型创建的图元，并单击"模式"面板中的"编辑族"按钮。

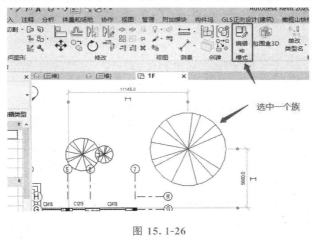

图 15.1-26

(3)族编辑器命令。创建族的常用命令如图 15.1-27 所示。

图 15.1-27

①族属性命令：用于打开"族类型"对话框。可以创建新的族类型或新的实例参数和类型参数。

②形状命令：可以通过"拉伸""融合""旋转""放样""放样融合"等来创建实心或者空心形状。

③模型线命令：用于在不需要显示实心几何图形时绘制二维几何图形。例如，可以以二维形式绘制门面板和五金器具，而不用绘制实心拉伸。在三维视图中，模型线总是可见的。可以选择这些线，并从选项栏中单击"可见性"按钮，控制其在平面视图和立面视图中的可见性。

④构件命令：用于选择要被插入族编辑器中的构件类型。选择此命令后，类型选择器为激活状态，可以选择构件。

⑤模型文字命令：用于在建筑上添加指示标记或在墙上添加字母。

⑥洞口命令：仅用于基于主体的族样板（例如，基于墙的族样板或基于天花板的族样板）。通过在参照平面上绘制其造型，并修改其尺寸标注来创建洞口。创建洞口后，在将其载入项目前，可以选择该洞口并将其设置为在三维或立面视图中显示为透明。单击选择该窗口，出现"修改｜洞口剪切"选项栏后，从选项栏中勾选"透明于"旁边的"三维"或"立面"复选框。

⑦参照平面命令：用于创建参照平面（为无限平面），从而帮助绘制线和几何图形。

⑧参照线命令：用于创建与参照平面类似的线，但创建的线有逻辑起点和终点。

⑨控件命令：将族的几何图形添加到设计中后，"控件"命令可用于放置箭头，以旋转和镜像族的几何图形。单击"控件"面板中的"控件"按钮，在"控制点类型"面板中选择"单向垂直"或"单向水平"选项，或选择"双向垂直"或"双向水平"选项，也可以选择多个选项，如图 15.1-28 所示。

图 15.1-28

【注意】Revit 软件将围绕原点旋转或镜像几何图形，使用两个方向相反的箭头，可以垂直或水平双向镜像。可在视图中的任何地方放置这些控制，但最好将它们放置在可以轻松判断出其所控制的内容的位置。

【提示】创建门族时"控件"命令很有用，双向水平控制箭头可改变门轴处于门的哪一边。双向垂直控制箭头可改变开门方向是从里到外还是从外到里。

创建族的"注释"选项卡如图 15.1-29 所示。

图 15.1-29

①"尺寸标注"面板：面板中包括多种尺寸标注样式。在绘制几何图形时，除 Revit 软件会自动创建永久性尺寸标注外，该命令也可向族添加永久性尺寸标注。如果希望创建不同尺寸的族，该命令很重要。

②"详图"面板中的符号线命令：用于绘制仅用作符号目的的线。例如，在立面视图中可绘制符号线以表示开门方向。

③"详图"面板中的详图构件命令：用于放置详图构件。

④"详图"面板中的符号命令：用于放置二维注释绘图符号。

⑤"详图"面板中的遮罩区域命令：用于对族的区域应用遮罩。如果使用族在项目中创建图元，则遮罩区域将遮挡模型图元。

⑥"文字"面板中的文字命令：用于向族中添加文字注释。在注释族中这是典型的使用

方法。该文字仅为文字注释。

⑦填充区域命令：用于对族的区域应用填充。

【注意】此命令仅在二维族样板中显示。

⑧标签命令：用于在族中放置智能化文字，该文字实际代表族的属性。指定属性值后，它将显示在族中。

15.2 族案例

15.2.1 创建门窗标记族

以门为例介绍门窗标记的方法。

打开样板文件。执行"文件"→"新建"→"族"命令，弹出"新族-选择样板文件"对话框，在对话框中选择注释文件夹里的"公制门标记"，单击"打开"按钮。

单击"创建"选项卡"文字"面板中的"标签"按钮，切换至"修改｜放置 标签"上下文功能区选项卡。单击"对齐"面板中的 和 按钮，以此来确定标签位置，如图 15.2-1 所示。

图 15.2-1

单击"属性"面板上的"编辑类型"按钮，弹出"类型属性"对话框。在对话框中可以调整文字大小、文字字体、下划线是否显示等，如图 15.2-2 所示。

图 15.2-2

单击绘图区域中坐标系中心位置，弹出"编辑标签"对话框，在该对话框的"类别参数"列表框中选择"类型名称"选项，单击"将参数添加到标签"按钮，将"类型名称"参数添加到标签，单击"确定"按钮，如图 15.2-3 所示。将其保存为"门标记-类型名称"载入到项目中进行测试。

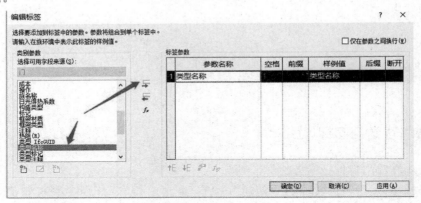

图 15.2-3

在项目中任意绘制一道墙体并插入一个门，并对门做了标记，系统默认的门标记为门的类型标记，如图 15.2-4 所示。

图 15.2-4

把刚才创建的"门标记-类型名称"载入到这个项目中，单击"注释"选项卡"标记"面板中"按类别标记"按钮，如图 15.2-5 所示。单击选项栏中的"标记"按钮，如图 15.2-6 所示，弹出"载入的标记和符号"对话框，在下拉列表中找到门，"载入的标记"设置为"门标记-类型名称"，如图 15.2-7 所示。在平面视图中再次对门进行标记，这时门的标记如图 15.2-8 所示。

图 15.2-5

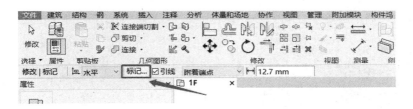

图 15.2-6

图 15.2-7

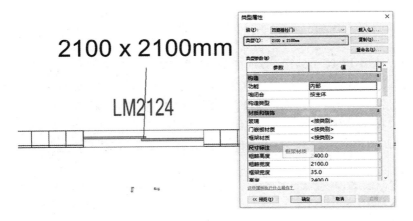

图 15.2-8

15.2.2　创建双扇平开门族

1.绘制门框

选择族样板。执行"文件"→"新建"→"族"命令，弹出"新族-选择样板文件"对话框，选择"公制门.rft"文件，单击"打开"按钮，如图 15.2-9 所示。

图 15.2-9

定义参照平面与内墙的参数，以控制门在墙体中的位置。进入参照标高平面视图，单击"创建"选项卡"基准"面板中的"参照平面"按钮，绘制参照平面，并命名"门中心"，如图 15.2-10 所示。

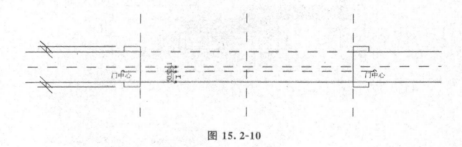

图 15.2-10

单击"注释"选项卡"尺寸标注"面板中的"对齐"按钮，为参照平面"门中心"与内墙标注尺寸。选择此标注，在弹出的"修改｜尺寸标注"上下文功能能区选项卡"标签尺寸标注"面板中单击"标签"下拉列表框后的"创建参数"按钮，弹出"参数属性"对话框，将"参数类型"设置为"族参数"，在"参数数据"选项区域添加参数"名称"为"门中心距内墙面距离"，设置其"参数分组方式"为"尺寸标注"，并选择"实例"属性，单击"确定"按钮完成参数的添加，如图 15.2-11 所示。

【注意】将该参数设置为"实例"参数，能够分别控制同一类型窗在结构层厚度不同的墙中的位置。

2. 设置工作平面

单击"创建"选项卡"工作平面"面板中的"设置"按钮，在弹出的"工作平面"对话框中选择"拾取一个平面"单选按钮，单击"确定"按钮。选择参照平面"新中心"为工作平面，在弹出的"转到视图"对话框中选择"立面：外部"，单击"打开视图"按钮，如图 15.2-12 所示。

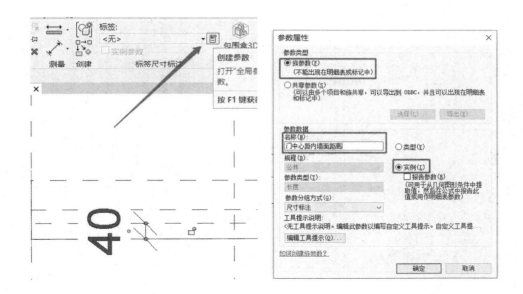

图 15.2-11

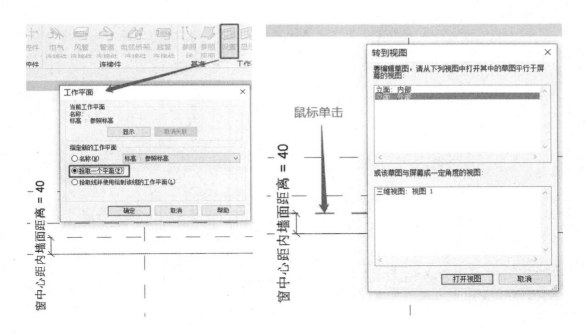

图 15.2-12

3. 创建实心拉伸

单击"创建"选项卡"形状"面板中的"拉伸"按钮，单击"绘制"面板中的"矩形"按钮□，绘制矩形框轮廓，并与四边锁定，如图 15.2-13 所示。

重复使用上述命令，并在选项栏中设置偏移值为"－50"，按 Space 键可以控制偏移的方向，编辑修剪完成后如图 15.2-14 所示。

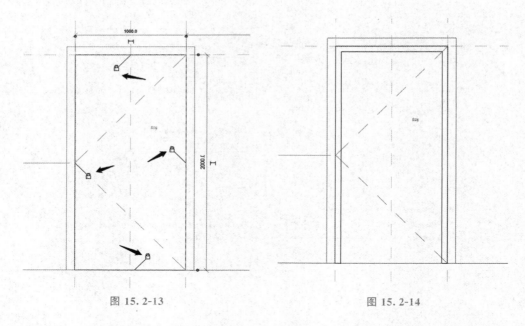

图 15.2-13   图 15.2-14

【注意】此时并没有为门框添加门框宽度的参数，现在的门框宽度是一个"50"的定值，可以通过标注尺寸添加参数的方式为窗框添加宽度参数，如图 15.2-15 所示，方法与添加"门中心距内墙面距离"参数相同。

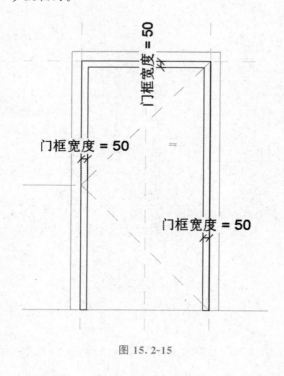

图 15.2-15

在"属性"面板中设置拉伸终点为"−30"、拉伸起点为"30"，并添加门框材质参数，完成拉伸，如图 15.2-16 所示。

图 15.2-16

进入参照标高视图，添加门框厚度参数，如图 15.2-17 所示。

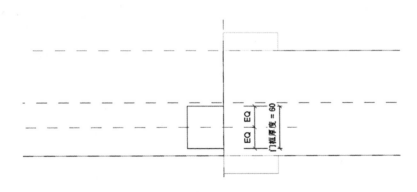

图 15.2-17

单击"属性"面板中的"族类型"按钮，测试高度、宽度、门框宽度、门中心距内墙距离参数，如图 15.2-18 所示。完成后分别将文件保存为"门框.rfa""门扇.rfa"。

4. 创建平开门门扇

（1）打开"门扇"族。执行"文件"→"打开"→"族"命令，选择已保存的"门扇.rfa"，单击"确定"按钮，或者双击"门扇.rfa"，进入族编辑器工作界面。

（2）编辑门框。选择创建好的门框，单击"修改 | 编辑拉伸"上下文功能区选项卡中的"编辑拉伸"按钮，修改门框轮廓并添加门框宽度参数，完成拉伸，如图 15.2-19 所示。

（3）创建玻璃。单击"创建"选项卡"形状"面板中的"拉伸"按钮，单击"绘制"面板中的"矩形"按钮 ⬚ ，绘制矩形框轮廓与门框内边，并与四边锁定，如图 15.2-20 所示。

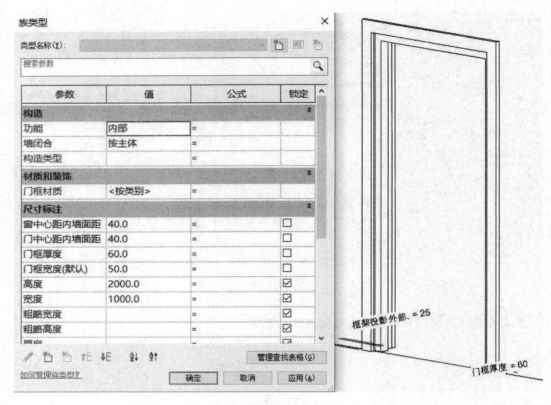

图 15.2-18

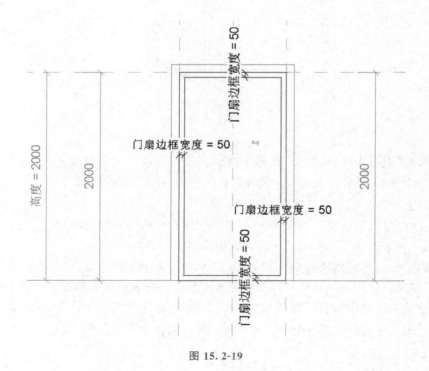

图 15.2-19

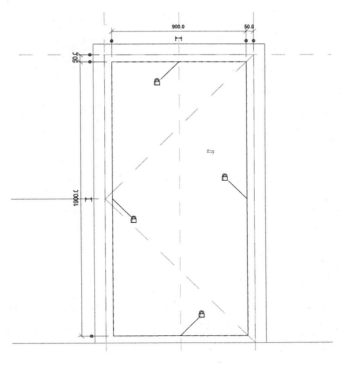

图 15. 2-20

【注意】保证此时的工作平面为参照平面"门中心"。

设置玻璃的拉伸终点、拉伸起点，设置玻璃的"图形"为"可见性/图形替换"，如图 15.2-21 所示。添加玻璃材质，如图 15.2-22 所示，完成拉伸并测试各参数的关联性。

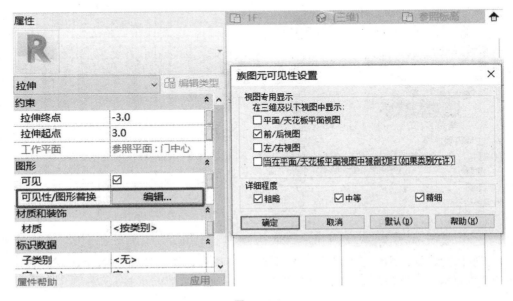

图 15. 2-21

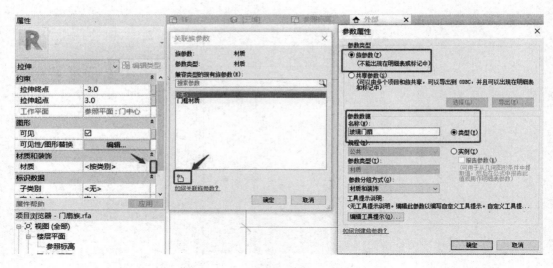

图 15.2-22

在项目浏览器的族列表中用鼠标右键单击墙体，利用快捷菜单中的命令复制"墙体 1"生成"墙体 2"，再删除"墙体 1"，原多个墙的只保留复制的第一个墙体，如图 15.2-23 所示。

【注意】删除"墙体 1"后，"高度"参数一起被删掉，这样我们必须再次添加"高度"参数，如图 15.2-24 所示。

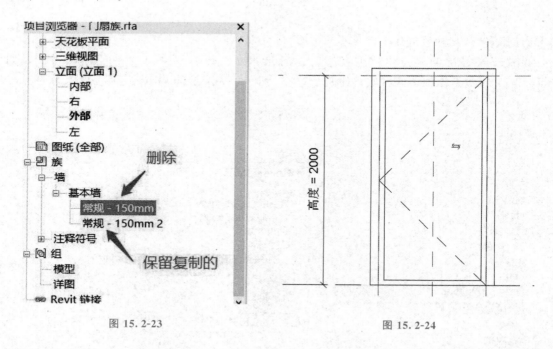

图 15.2-23　　　　　　　　　　　　　　　　　　　图 15.2-24

由于默认的门样板中已经创建好了门套及相关参数，还创建了门的立面开启线，此时删除不需要的参数，添加门扇高度和门扇宽度参数，如图 15.2-25 所示。

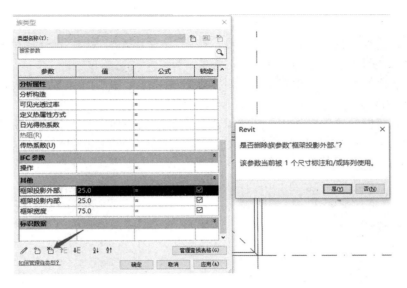

图 15.2-25

进入参照标高视图，为门扇添加门扇厚度参数，如图 15.2-26 所示，完成"平开门门扇"设置并保存文件"平开门门扇.rfa"。

【注意】此门扇会以嵌套方式进入平开门门框中，单击参照平面"门中心"，在"属性"面板上将"是参照"选择为"强参照"，如图 15.2-27 所示。

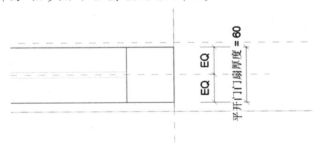

图 15.2-26

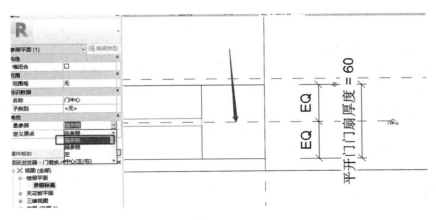

图 15.2-27

5. 绘制亮子

(1)选择族样板。执行"文件"→"新建"→"族"命令，弹出"新族-选择样板文件"对话框，选择"公制常规模型.rft"，单击"打开"按钮。

(2)绘制参照平面添加亮子宽度。进入参照标高视图，绘制两条参照平面并添加宽度参数，如图 15.2-28 所示。

(3)创建亮子框。拾取参照中心线设置为拉伸的参照平面，进入前立面视图，绘制亮子框轮廓并添加亮子框宽度参数和高度参数，如图 15.2-29 所示。

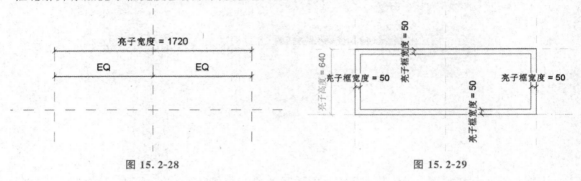

图 15.2-28 · 图 15.2-29

设置拉伸起点、拉伸终点分别为"30""−30"，并添加亮子框材质，进入参照标高视图，添加"亮子框厚度"参数，完成拉伸后测试各参数的关联性，如图 15.2-30 所示。

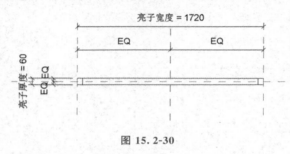

图 15.2-30

(4)创建中梃并添加玻璃。同样的方式用实心拉伸命令创建亮子竖梃，并添加竖梃空度、厚度、材质、中梃可见等参数，设置竖梃默认不可见，如图 15.2-31 和图 15.2-32 所示。

图 15.2-31

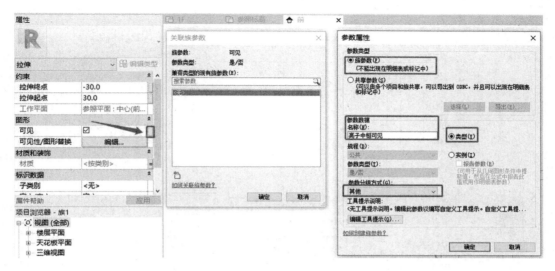

图 15.2-32

【注意】中梃的厚度可以与亮子框厚度相同，方法是在参照标高视图中拖曳中梃厚度与亮子框的边锁定，如图 15.2-33 所示。

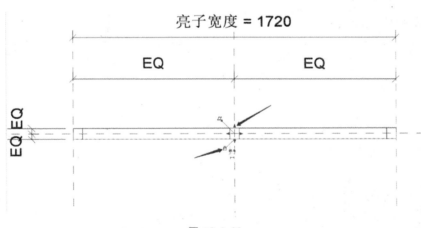

图 15.2-33

在前立面视图中，创建实心拉伸，将轮廓四边锁定，设置拉伸起点、终点分别为"3""−3"，添加玻璃材质，如图 15.2-34 所示，完成拉伸并测试各参数的正确性。

在族类型中测试各参数值，并将其载入至项目中测试可见性，无错误后保存为"亮子"，如图 15.2-35 所示。

6. 创建平开门

(1) 嵌套平开门门扇、亮子。打开先前完成的"门框"族，进入外部立面视图，删除默认的立面开启方向线，完成后如图 15.2-36 所示。

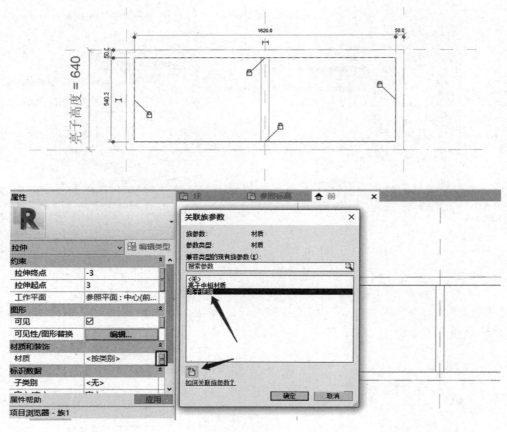

图 15.2-34

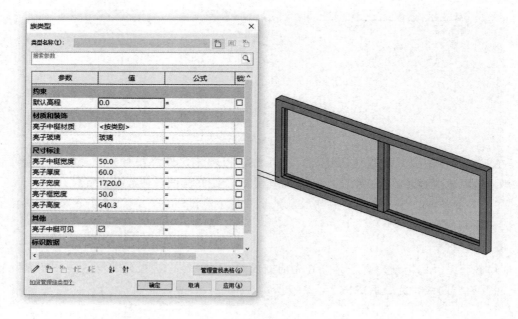

图 15.2-35

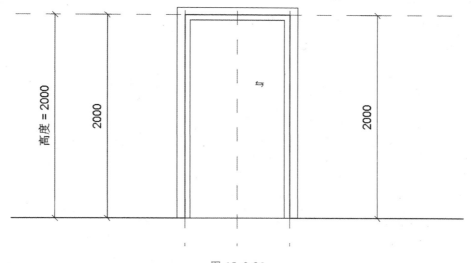

图 15.2-36

将"亮子""平开门门扇"载入到"平开门门框"中。进入参照标高视图，在项目浏览器中选择"族"→"门"→"平开门门扇"，直接拖入绘图区域，使参照平面"新中心"在门扇的中心线上，用对齐命令将其中心线与参照平面"新中心"锁定，如图 15.2-37 所示。

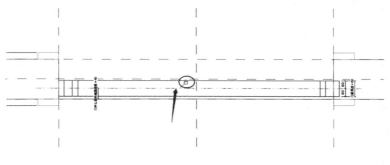

图 15.2-37

进入"外部"立面视图，用对齐命令将"平开门门扇"的下边和左边分别与参照标高和门框内边锁定，如图 15.2-38 所示。

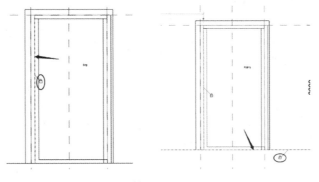

图 15.2-38

【说明】为了便于操作，现将门宽度和高度分别设为"2 000"与"2 200"，如图 15.2-39 所示，在门框位置分别绘制三个参照平面并标注参数门框宽度。

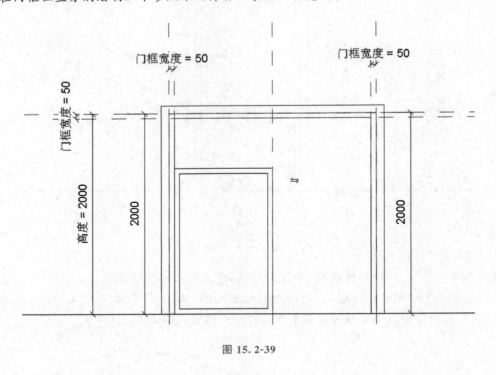

图 15.2-39

进入内部或外部立面视图，绘制一条参照平面，并添加"亮子高度"参数，如图 15.2-40 所示。

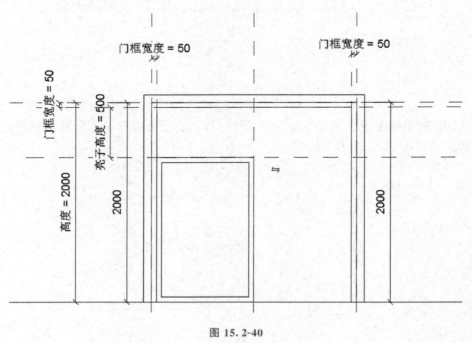

图 15.2-40

进入参照标高视图，在项目浏览器中选择"族"→"常规模型"→"亮子"，直接拖入绘图区域，用对齐命令将其中心与参照平面"门中心"锁定。进入外部立面视图，用对齐命令将"亮子"的上边和左边分别与参照平面和门框内边参照平面锁定，如图 15.2-41 所示。

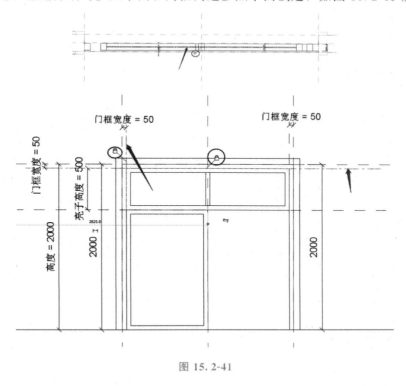

图 15.2-41

（2）关联平开门门扇、亮子参数。选择平开门门扇，在"类型属性"对话框中设置并关联其参数，如图 15.2-42 所示。

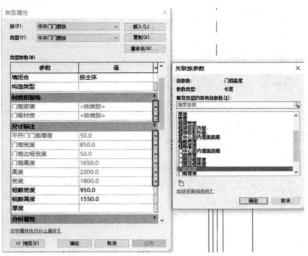

图 15.2-42

①门框材质：添加"门框材质"参数。

②玻璃材质：添加"门扇玻璃"参数。

③高度：添加"高度"参数。

④宽度：添加"宽度"参数。

⑤门扇宽度：添加"门扇宽度"参数。

⑥门扇高度：添加"门扇高度"参数。

⑦平开门门扇厚度：添加"门扇边框厚度"参数。

⑧门扇边框宽度：添加"门扇边框宽度"参数。

完成关联后文字将灰显，如图 15.2-43 所示。

图 15.2-43

同理将亮子的参数做关联。在实例属性中添加"亮子可见"参数，如图 15.2-44 所示。

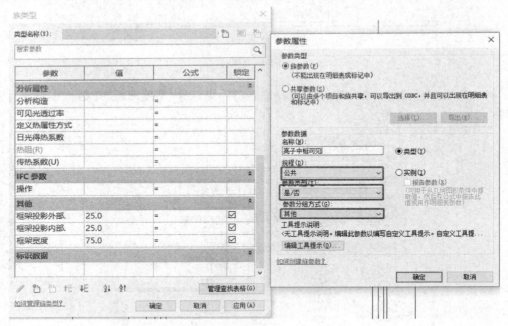

图 15.2-44

①亮子玻璃：添加"亮子玻璃"参数。

②亮子框材质：添加"亮子框材质"参数。

③亮子中梃材质：添加"门框材质"参数。

④亮子高度：添加"亮子高度"参数。

⑤亮子宽度：添加"亮子宽度"参数。

⑥亮子框宽度：添加"亮子框宽度"参数。

⑦亮子厚度：添加"亮子框厚度"参数。

⑧亮子中梃宽度：添加"亮子框宽度"参数。

⑨中梃可见：添加"中梃可见"参数。

完成后，如图 15.2-45 所示。

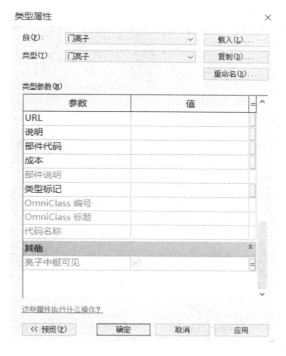

图 15. 2-45

(3)编辑参数公式。打开"族类型"对话框编辑如下公式。

门扇宽度＝(宽度－2×门框宽度)/2

门扇高度＝高度－亮子高度－门框宽度

亮子宽度＝宽度－2×门框宽度

【注意】参数公式必须为英文节写，即英文字母、标点、各种符号等都必须为英文书写格式，否则会出错。

选择门扇，单击"修改｜门"上下文功能区选项卡"修改"面板中的"镜像"按钮，镜像门扇，并锁定，如图 15.2-46 所示。测试各项参数的正确性。

7. 设置平开门的二维表达

在参照标高平面视图，选择门扇图元，单击"可见性"面板中的"可见性设置"按钮，在弹出的"族图元可见性设置"对话框中勾选"前/后视图"，如图 15.2-47 所示。同样对亮子图元也是只勾选"前/后视图"的可见性。

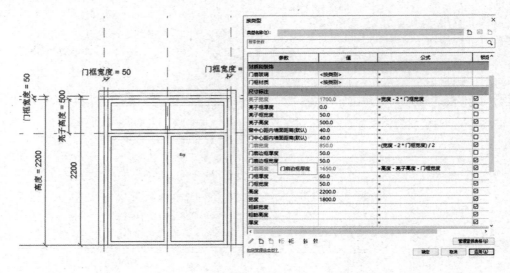

图 15.2-46

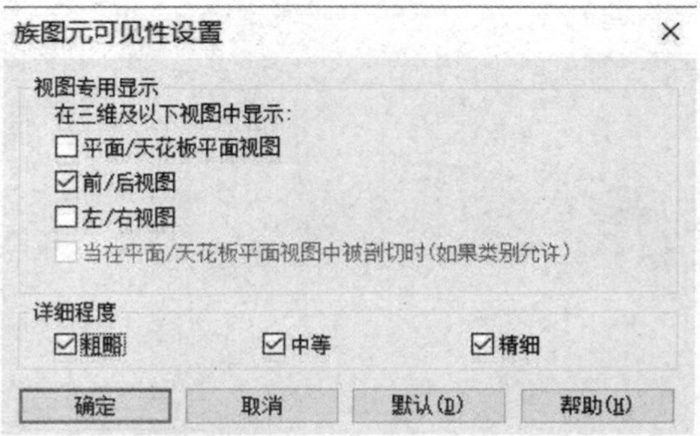

图 15.2-47

单击"注释"选项卡"详图"面板中的"符号线"命令，在"修改｜设置符号线"上下文功能区选项卡"子类别"面板中的"子类别"下拉列表中，选择"平面打开方向-截面"，绘制门开启线；选择"门-截面"，绘制门开启位置，如图 15.2-48 所示。

两次镜像，完成平面表达，如图 15.2-49 所示。

【注意】绘制门开启线的时候将半径与长度定义为"门扇宽度"参数，并锁定边线在门扇边线上，镜像的开启线也如此。

子类别的创建：进入族编辑状态，单击"管理"选项卡"设置"面板中的"对象样式"按钮，弹出"对象样式"对话框，单击"新建"按钮，在弹出的"新建子类别"对话框中命名子类别名称，并选择所属类别，如图 15.2-50 所示。

载入项目中测试二维表达，如图 15.2-51 所示。

设置推拉门的立面、剖面二维表达，单击"注释"选项卡"详图"面板中的"符号线"按钮，绘制二维线图如图 15.2-52 所示。

【注意】要绘制一些辅助锁定的参照平面，注释线的关键控制点要锁定到控制参照平面上，这样在修改参数时才不会出问题。

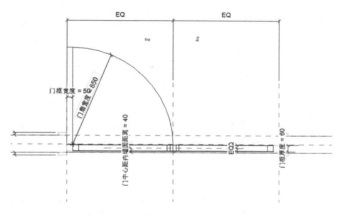

图 15.2-48

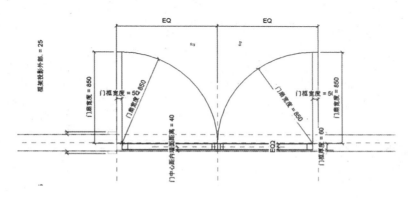

图 15.2-49

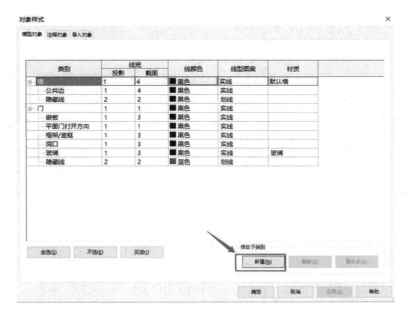

图 15.2-50

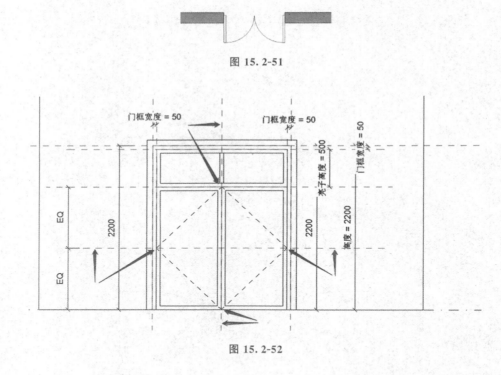

图 15.2-51

图 15.2-52

8. 测试结果

载入项目中测试得到的结果，如图 15.2-53 所示。

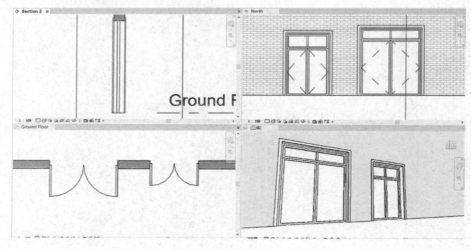

图 15.2-53

15.3　体量简介

体量可以在项目内部(内建体量)或项目外部(可载入体量族)创建。

1. 创建实心体量

在项目中创建体量，用于表示项目中特有的体量形状。创建特定于当前项目中的体量，此体量不能在其他项目中重复使用。

单击"体量和场地"选项卡"概念体量"面板中的"内建体量"按钮，弹出"体量—显示体量已启用"对话框，单击"关闭"按钮，在弹出的"名称"对话框中输入内建体量的名称，单击"确定"按钮，如图 15.3-1 所示。

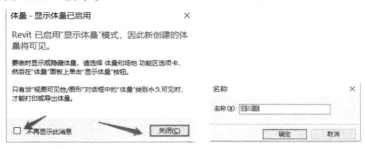

图 15.3-1

Revit 软件会自动打开如图 15.3-2 所示的"内建体量模型"的上下文功能区选项卡，在选项卡中选择命令进行绘制。

图 15.3-2

可用于创建体量的线类型包括下列几种：

（1）模型：使用线工具绘制的闭合或不闭合的直线、矩形、多边形、圆、圆弧、样条曲线、椭圆、椭圆弧等都可以被用于生成体块或面。

（2）参照：使用参照线来创建新的体量或者创建体量的限制条件。

（3）通过点的样条曲线：单击"创建"选项卡"绘制"面板下的"模型"工具中的"通过点的样条曲线"，将基于所选点创建一个样条曲线，自由点将成为线的驱动点。通过拖曳这些点可修改样条曲线路径，如图 15.3-3 所示。

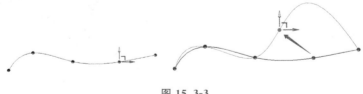

图 15.3-3

（4）导入的线：外部导入的线。

（5）另一个形状的边：已创建的形状的边。

（6）来自已载入族的线或边：选择模型线或参照，然后单击"创建形状"按钮。参照可以包括族中几何图形的参照线、边缘、表面或曲线。

创建实心体量的方法如下。

(1)通过线创建实心体量面。单击"绘制"→"模型"→"直线"按钮 ✏️，绘制一条直线，选择所绘制的直线，单击"形状"面板中的"创建形状"下拉按钮，在弹出的下拉列表中选择"实心形状"，直线将垂直向上生成面，如图 15.3-4 所示。

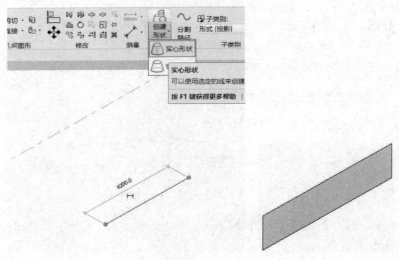

图 15.3-4

(2)通过一封闭轮廓创建实心体量。单击"绘制"→"模型"→"直线"按钮，绘制一封闭图形，选择所绘制的封闭图形，单击"形状"面板中的"创建形状"下拉按钮，在弹出的下拉列表中选择"实心形状"，封闭图形将垂直向上生成体块，如图 15.3-5 所示。

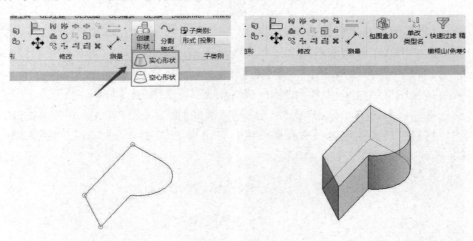

图 15.3-5

(3)通过一条线及一闭合图形轮廓创建实心体量。单击"绘制"→"模型"→"直线"按钮，绘制一直线及一封闭图形，选择所绘制的线及封闭图形，单击"形状"面板中的"创建形状"下拉按钮，在弹出的下拉列表中选择"实心形状"，将以线为轴旋转封闭图形创建体量，如图 15.3-6 所示。

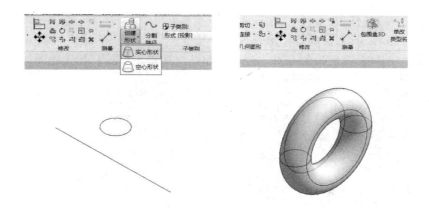

图 15.3-6

（4）通过一条或多条闭合图形轮廓创建实心体量。单击"绘制"→"模型"→"直线"按钮，绘制两封闭图形，选择所绘制的封闭图形，单击"形状"面板中的"创建形状"下拉按钮，在弹出的下拉列表中选择"实心形状"，Revit 软件将自动创建融合体量，如图 15.3-7 所示。

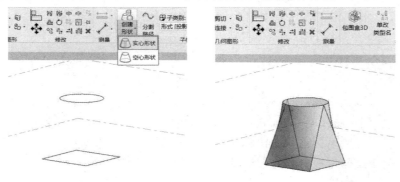

图 15.3-7

【注意】这里的两个封闭轮廓图形不能处于一个工作平面上，在绘制时候要分别指定其工作平面。

2. 编辑体量

在体量的编辑模式下，按 Tab 键选择点、线、面，选择后将出现坐标系，当鼠标光标放在 X、Y、Z 任意坐标方向上，该方向箭头将变为亮显，此时按住鼠标并拖曳，将在被选择的坐标方向移动点、线或面，如图 15.3-8 所示。

图 15.3-8

选择体量，单击"修改|形式"上下文功能区选项卡"形状图元"面板中的"透视"按钮，观察体量模型，如图 15.3-9 所示，透视模式将显示所选形状的基本几何骨架。这种模式下便于更清楚地选择体量几何构架，对它进行编辑。再次单击"透视"按钮将关闭透视模式。

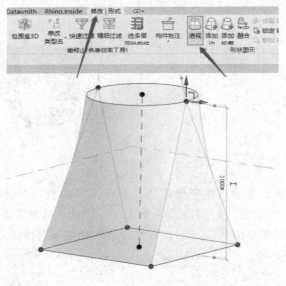

图 15.3-9

选择体量，在创建体量时自动产生的边缘有时不能满足编辑需要，单击"修改|形式"上下文功能区选项卡"形状图元"面板中的"添加边"按钮，将鼠标光标移动到体量面上，将出现新边的预览，在适当位置单击鼠标即完成新边的添加。同时也添加了与其他边相交的点，可选择该边或点通过拖曳的方式编辑体量，如图 15.3-10 所示。

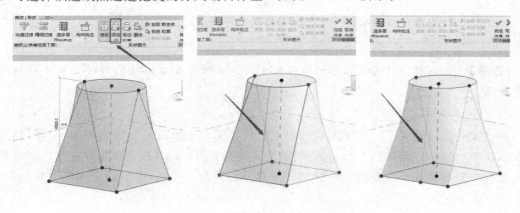

图 15.3-10

选择体量，单击"修改|形式"上下文功能区选项卡"形状图元"面板中的"添加轮廓"命令，将鼠标光标移动到体量上，将出现与初始轮廓平行的新轮廓的预览，在适当位置单击鼠标将完成新的闭合轮廓的添加。新的轮廓同时将生成新的点及边缘线，可以通过操纵它们来修改体量，如图 15.3-11 所示。

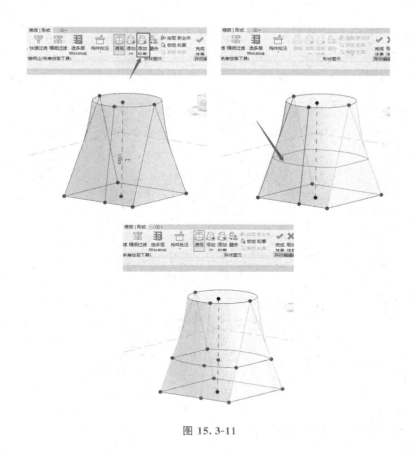

图 15.3-11

　　选择体量上任意面，单击"修改│形式"上下文功能区选项卡"分割"面板中的"分割表面"按钮，将通过 UV 网格（表面的自然网格分割）分割所选表面，如图 15.3-12 所示。

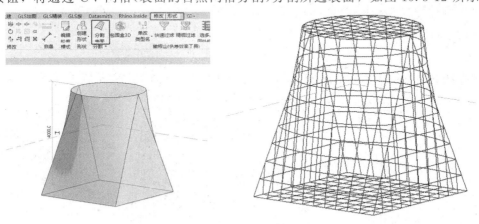

图 15.3-12

　　【注意】这里要先关闭透视状态，然后再去对体量分割表面，否则在透视状态下看不到网格。

　　UV 网格彼此独立，并且可以根据需要开启和关闭。默认情况下，最初分割表面后，U 网格和 V 网格都处于启用状态。

单击"修改 | 分割表面"上下文功能区选项卡"UV 网格和交点"面板下的"U 网格"按钮，将关闭横向 U 网格，再次单击"U 网格"按钮将开启 U 网格，关闭、开启 V 网格的操作相同，如图 15.3-13 所示。

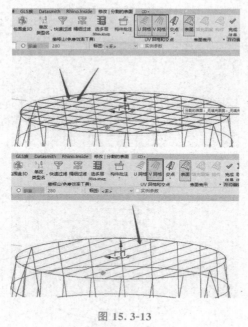

图 15.3-13

UV 网格表面分割的大小可以在选项栏中设置网格数及网格的距离，如图 15.3-14 所示。

图 15.3-14

分割表面的填充图案可以在"属性"面板中进行修改，如图 15.3-15 所示。

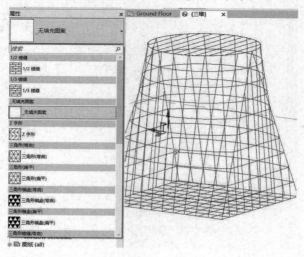

图 15.3-15

3. 创建空心体量

空心体量是在实心体量的基础上，对实心体量进行剪切以达到对实心体量的编辑。

选择实心体量，单击"修改｜体量"选项卡"模型"面板中的"在位编辑"按钮，在编辑体量的模式下创建空心体量，绘制方法如图 15.3-16 所示。

4. 创建体量族

在族编辑器中创建体量族后，可以将族载入项目中，并将体量族的实例放置在项目中。

体量族与内建体量创建形体的方法基本相同，但由于内建体量只能随项目保存，因此在使用上相对体量族有一定的局限性。而体量族不仅可以单独保存为族文件随时载入项目，而且在体量族空间中还提供了如三维标高等工具，并预设了两个垂直的三维参照面，优化了体量的创建及编辑环境。

执行"文件"→"新建"→"概念体量"命令，如图 15.3-17 所示，在弹出的"新建概念体量-选择样板文件"对话框中双击"公制体量 .rft"族样板，进入体量族的绘制空间。

概念体量族空间的三维视图提供了三维标高面，可以在三维视图中直接绘制标高，更有利于体量创建中工作平面的设置。

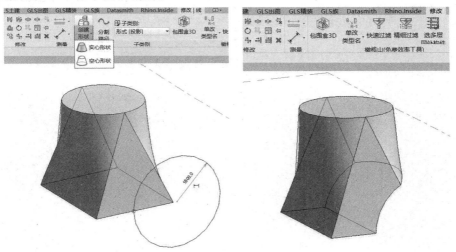

图 15.3-16

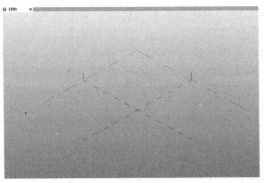

图 15.3-17

5. 创建三维标高

用户可以在立面视图中创建新的标高，也可以在三维视图中创建标高。

单击"创建"选项卡"基准"面板中的"标高"按钮，将鼠标光标移动到绘图区域现有标高面上方，光标下方出现间距显示，可直接输入间距，如"10 000"，即 10 m，按 Enter 键即可完成三维标高的创建，如图 15.3-18 所示。

【注】三维标高的高度的单位默认为"mm"。

标高绘制完成后还可以通过临时尺寸标注修改三维标高的高度。

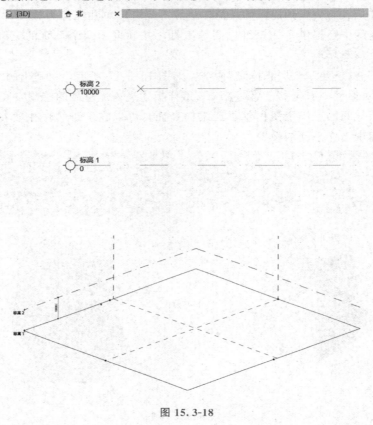

图 15.3-18

6. 定义三维工作平面

在三维空间中要想准确绘制图形，必须先定义工作平面。定义工作平面的方法如下：

单击"创建"选项卡"工作平面"面板中的"设置"按钮，选择高亮显示的标高平面或构件表面等即可将该面设置为当前工作平面，如图 15.3-19 所示。

图 15.3-19

单击"创建"选项卡"工作平面"面板中的"显示"按钮，可始终显示当前工作平面，如图 15.3-20 所示。

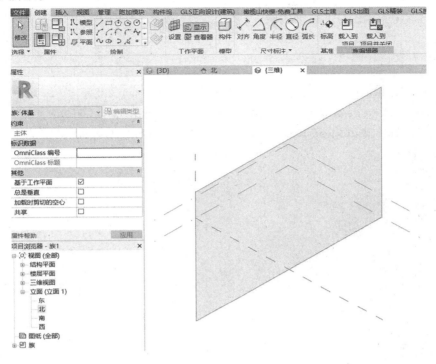

图 15.3-20

体量工具是 Revit 软件众多工具中非常有用的一个。其作用如下：

作用一：概念体量模型可以帮助用户推敲建筑的形态。

作用二：概念体量模型可以统计建筑楼层面积、占地面积等数据。

作用三：概念体量模型表面可以创建墙、楼板、屋顶等对象。

作用四：完成从概念设计阶段到方案、施工图设计转换。

作用五：对概念体量的表面进行划分，配合使用"自适应构件"生成多种复杂的表面。

对于体量若想要充分发挥它的作用，还需要深入学习相关的知识。

参 考 文 献

［1］Prathima，K．Revit 2022 Home Design［M］. K Prathima，2022.

［2］Matt Weber. Autodesk Revit 2022 Black Book（Colored）［M］. Gaurav Verma，2021.

［3］Autodesk，Inc．Autodesk Revit Architecture 2021 官方标准教程［M］. 北京：电子工业出版社，2021.